# 생물과 무생물 사이

生 物 と 無 生 物 の あ い だ

# 생물과 무생물 사이

生 物 と 無 生 物 の あ い だ

파괴에서 탄생하는
경이로운 생명의 세계

후쿠오카 신이치 지음

김소연 옮김

은행나무

## 프롤로그

나는 다마 강에서 멀지 않은 곳에 살고 있다. 종종 냇가로 산책을 나가는데, 하천 수면을 훑으며 불어오는 기분 좋은 바람을 느끼며 햇빛을 등지고 물속을 바라보면 거기에는 참으로 많은 생명체들이 살아 숨 쉬고 있다. 수면 위로 작고 세모난 돌 같은 것이 나와 있어 살펴보면 거북이의 코일 때도 있고, 물살을 따라 하늘거리는 실처럼 보였던 것이 치어 떼인 경우도 있으며, 물풀에 엉켜 있던 먼지 덩어리가 자세히 보면 잠자리의 유충일 때도 있다.

그럴 때면 문득 대학에 갓 입학했을 때가 떠오른다. 생물학 시간에 교수님이 던졌던 질문. 사람들은 생물과 무생물을 구분 짓곤 하는데, 생물의 어떤 측면을 보고 그런 구분을 하는 것인가? 애초에 생물이란 무엇인가? 여러분은 정의를 내릴 수 있는가…….

나는 상당히 흥미를 느꼈고 다음을 기대했지만 그 강의에서 명확한 답을 얻지는 못했다. 생명이 갖고 있는 몇몇 특징들—예를 들어 세포로 이루어져 있다, DNA를 갖는다, 호흡을 통해 에너지를 만든다—을 열거하는 사이 여름방학을 맞고 수업은 끝나버린 것이다.

무언가를 정의할 때 속성을 열거하며 기술하는 것은 비교적 쉽다. 그러나 대상의 본질을 명시적으로 기술하는 일은 절대 쉽지 않다. 나는 대학에 들어가서 이 사실을 깨달았다. 생각해보면 그 후로 '생명이란 무엇인가?'라는 문제에 대해 결국 명시적인, 즉 가슴에 탁 와닿는 답을 찾지 못한 채 오늘에 이르렀다. 그래도 지금의 나는 20여 년이나 계속된 그 물음에 대해 다음과 같이 답할 수 있을 것 같다.

생명이란 무엇인가? 그것은 자기를 복제하는 시스템이다. 20세기의 생명과학이 도달한 답 중 하나가 이것이었다. 1953년, 과학 전문지 〈네이처〉에 겨우 천 단어(한 쪽 정도)의 짧은 논문이 게재되었다. 그 논문에는 DNA가 서로 역방향으로 꼬인 두 개의 리본으로 이루어져 있음을 보여주는 모델이 실려 있었다. 생명의 신비는 이중나선의 형태를 띠고 있다. 많은 사람이 이 신의 계시를 직접 목격함과 동시에 그 당위성을 믿게 된 배경에는 그 흔들림 없는 구조의 아름다움이 있었다. 그러나 더욱 중요한 것은 구조가 기능까지 명시하고 있다는 점이다. 젊은 공동 집필자, 제임스 왓슨(James Watson)과 프랜시스 크릭(Francis Crick)은 마지막 부분에서 담담하게 말했다. "이 대칭 구조가 바로 자기 복제 시스템을 시사한다는 것을 우리가 모르는 게 아니다"라고.

DNA의 이중나선은 서로 상대방을 복제한 상보적 염기 서열 구조를 하고 있다. 그리고 이중나선이 풀리면 두 개의 가닥, 즉 플러스 가닥과 마이너스 가닥으로 나뉜다. 플러스 가닥을 모체로 삼아 새로운 마이너스 가닥이 생기고, 원래의 마이너스 가닥에서 새로운 플러스 가닥이 생성되면 두 쌍의 새로운 DNA 이중나선이 탄생한다. 플러스 혹은 마이너스의 형태로 나선 모양의 필름에 새겨진 암호, 그것이 바로 유전자 정보다. 이것이 생명의 '자기 복제' 시스템이며 새 생명이 탄생할 때 혹은 세포가 분열할 때 정보가 전달되는 시스템의 근간을 이룬다.

DNA 구조가 밝혀짐으로써 드디어 분자생물학 시대의 화려한 막이 올랐다. DNA상의 암호가 세포 안에 존재하는 마이크로 단위 부품의 규격 정보라는 사실, 그리고 그것을 읽어낼 수 있는 방법 등이 차례차례 밝혀졌다. 1980년대에 들어와 DNA 자체를 소위 말하는 극소의 외과 수술만으로 자르고 붙여서 정보를 바꾸는 방법, 즉 유전자 조작 기술이 탄생하면서 분자생물학의 황금기가 도래했다. 처음에는 들판에서 곤충을 쫓고 물가에서 신나게 물고기를 잡으며 파브르나 이마니시 긴지(今西錦司, 1902~1992, 일본의 생태학자이자 인류학자 ― 옮긴이)와 같은 자연주의자를 꿈꾸던 나도 시대의 열기를 거스를 수는 없었다. 할 수 없이, 아니, 오히려 더 적극적으로 나는 마이크로 차원의 분자 세계로 빠져들었다. 바로 그곳에 생명의 열쇠가 있다는 믿음을 품고.

분자생물학적 생명관으로 보면, 생명체란 마이크로 부품으로 이루어진 플라스틱 조립식 장난감(=프라모델), 즉 분자 기계에 불과하다. 데카르트가 생각했던 기계적 생명관의 궁극적인 모습인 것이다. 만약 생명체가 분자 기계라면 생명체를 정교하게 조작함으로써 생명체를 개조하여 '개량'할 수도 있을 것이다. 비록 당장 그 수준에 이르지는 못하더라도, 예를 들면 분자 기계의 한 부품의 기능을 마비시키고 그때 생명체에 어떤 이상이 생기는지를 관찰하면 그 부품의 역할을 밝힐 수 있는 것이다.

즉 생명의 구조를 분자 단위로 규명할 수 있다는 얘기다. 이러한 발상으로부터 유전자 개량 동물이 탄생하게 되었다. 녹아웃 마우스(knock-out mouse, 어떤 특정 유전자가 작용하지 않도록 한 실험용 쥐. 즉 목적 유전자를 결실시키거나 변이한 유전자로 바꿔 유전자가 작용하지 않도록 한다. 그럼으로써 그 유전자가 어떠한 작용을 하고 있는가를 개체 수준에서 조사할 수 있다 — 옮긴이)가 바로 그것이다.

나는 췌장에 있는 한 부품에 흥미가 있었다. 췌장은 소화효소를 만들거나 인슐린을 분비하여 혈당치를 조절하는 기능을 하는 중요한 장기다. 이 부품은 존재하는 곳이나 그 양으로 보아 분명 중요한 세포 과정에 관여하고 있을 것이다. 그래서 나는 유전자 조작 기술을 활용하여 DNA에서 이 개체의 정보만 빼내어 이 부품이 결여된 실험 쥐를 만들었다. 특정 유전자 정보가 녹아웃된 실험 쥐인 것이다. 이 쥐를 키우면서 어떤 변화가 일어나는지를 관찰하면 그 유전자의 역할을 밝힐 수 있으리라. 실험 쥐는 소화효소를 제대로 분비하지 못해 영양실조에 걸릴지도 모르고, 아니면 인슐린 분비에 이상이 생겨 당뇨병이 유발될지도 모른다.

오랜 시간과 많은 연구비를 투입하여 우리는 이 실험 쥐의 수정란을 만들었다. 그것을 대리모의 자궁에 이식한 후 새끼가 태어나기를 기다렸다. 어미 쥐는 무사히 출산을 마쳤다. 새끼 쥐는 앞으로 어떤 변화를 보여줄까? 우리는 마른침을 삼키며 계속 관찰했다. 새끼 쥐는 쑥쑥 자라 결국 어른 쥐가 되었다. 그런데 아무런 일도 일어나지 않았다. 영양실조도, 당뇨병에도 걸리지 않았다. 혈액을 채취하여 조사하고 현미경 사진도 찍어보며 모든 정밀 검사를 해보았으나 아무런 이상도, 변화도 찾아볼 수 없었다. 우리는 당황했다. 도대체 어떻게 된 일인가.

사실은 우리와 같은 시기에 전 세계적으로 다양한 녹아웃 마우스가 개발되었는데, 우리처럼 당황스럽고 실망스러운 결과를 얻은 경우가 적지 않다. 예측과는 달리 특별한 이상이 발생하지 않으면 연구 발표를 할 수도 없고 논문도 쓸 수 없다. 정확한 연구 실례로 남길 수가 없는 것이다. 그런데 여기저기서 이런 결과가 보고되고 있는 게 아닌가.

나도 처음에는 실망했다. 물론 지금도 절반은 그런 상태다. 그러나 한편으로는 바로 이 부분에 생명의 본질이 있는 건 아닐까 하는 생각이 들기 시작했다.

유전자 녹아웃 기술로 부품 한 종류, 한 조각을 완전히 제거하더라도 어떤 방법으로든 그 결함을 채우는 보완 작용이 일어나고 전체가 조화를 이루면 기능 부전 현상은 일어나지 않는다. 생명에는 부품을 끼워 맞춰 만드는 조립식 장난감 같은 아날로지(analogy, 두 개의 대상이 여러 면에서 비슷하다는 것을 근거로 다른 속성도 유사할 것이라 추론하는 것을 말한다 — 옮긴이)로는 설명할 수 없는 중요한 특성이 존재하는 것이다. 여기에는 뭔가 다른 다이너미즘이 존재한다. 우리가 이 세상에서 생물과 무생물을 식별할 수 있는 것은 이 다이너미즘을 느끼고 깨달을 수 있기 때문이 아닐까. 그렇다면 이 '동(動)적인 것'은 도대체 무엇일까?

문득 어느 유대인 과학자가 떠오른다. 그는 DNA 구조가 발견되기 전에 스스로 목숨을 끊고 세상을 떠났다. 그의 이름은 루돌프 쇤하이머(Rudolf Schoenheimer). 그는 생명이 '동적인 평형 상태'에 있음을 세계 최초로 밝힌 과학자였다. 우리가 섭취한 분자는 눈 깜짝할 사이에 온몸으로 퍼져 잠시 유유히 그곳에 머무르다 다음 순간에 몸에서 빠져나간다는 것을 증명했다. 즉 생명체인 우리 몸은 플라스틱으로 된 조립식 장난감처럼 정적인 부품으로 이루어진 분자 기계가 아니라 부품 자체의 다이내믹한 흐름 안에 존재한다는 것이다.

나는 얼마 전에 쇤하이머의 발견에 기초하여, 광우병 사태가 우리에게 던진 문제와 함께, 우리가 지속적으로 음식물을 섭취한다는 것의 의미와 생명의 의미에 대해 논문을 썼다(《소고기 안심하고 먹어도 되나?》, 문예춘추 신서, 2004). 이 '동적평형' 이론을 바탕으로 생물을 무생물과 구별하게 만드는 것이 무엇인가에 대해 인류의 생명관의 변천과 함께 고찰한 것이 바로 이 책이다. 내 개인적으로는 대학 신입생 시절 나에게 던져졌던 질문, 즉 "생명이란 무엇인가?"에 대한 접근이기도 하다.

# 차례

# 제1장
# 뉴욕 요크애비뉴 66번가

## 맨해튼 변두리에서

하늘을 찌를 듯한 고층 빌딩 숲, 맨해튼은 뉴욕 시에 속한 하나의 버러(borough. 행정 구역 단위의 하나로, 우리나라의 '구'와 유사하다—옮긴이)이며 그 자체가 하나의 섬이기도 하다. 서쪽으로는 허드슨 강이, 동쪽으로는 이스트 강이 흐른다.

맨해튼은 세로로 좁고 길며 매우 조밀한 섬인데, 관광 유람선 서클라인만큼 이를 실감하게 해주는 것도 없다. 이 배는 허드슨 강에서 출발하여 남쪽으로 향한다. 자유의 여신상을 조망하며 과거 세계무역센터 빌딩이 솟아 있던 맨해튼 남단을 돌아 이스트 강으로 진입하며 북상한다.

월가의 빌딩들, 뉴욕 마라톤 대회 코스인 브루클린 다리, 마침내 모습을 드러내는 세련된 국제연합본부 빌딩. 아르데코 스타일의 크라이슬러빌딩과 흰 양갱을 깎아놓은 듯한 시티코프빌딩. 이들보다 한층 더 높은 키를 자랑하는 엠파이어스테이트빌딩. 잇달아 볼거리가 등장한다. 그리고 자갈과 쓰레기를 실은 운반선이 스쳐 지나간다.

하늘을 찌를 듯한 마천루의 모습이 점점 사라지고 강가에는 별 특징 없는 아파트가 늘어서 있다. 관광객들이 약간 지루해지기 시작할 즈음이면 배는 복잡한 맨해튼 북쪽으로 접어든다. 공장, 배수관, 기차 선로, 낙서. 이 일대는 할렘의 뒷골목에 해당하는 곳이다.

이스트 강은 허드슨 강의 방수로인데, 두 하천은 맨해튼 섬 북단에서 교차한다. 여기서 배는 허드슨 강 방향으로 되돌아온다. 하구에 가까운 허드슨 강은 그야말로 바다처럼 광대하다. 갑자기 시야가 탁 트인다. 바람이 넓은 하천의 수면을 타고 거세게 불어온다. 경쾌한 흐름에 선체를 맡긴 배는 이윽고 출발점으로 되돌아오는 것이다.

뉴욕을 찾는 관광객에게 인기가 좋은 서클라인. 그런데 이 이야기는 대부분의 관광객들이 알아차리지 못하고 지나치는 한 장소에서부터 시작된다. 잠깐 필름을 되감아 자갈을 운반하던 배와 스쳤던 때로 돌아가보자. 그렇다. 고층 빌딩 구경에 약간 피곤을 느끼기 시작할 즈음에 보였던 거대한 다리 밑을 통과한 그 지점이다. 이 거대한 다리의 이름은 퀸즈버러. 이스트 강을 끼고 맨해튼과 그 동쪽에 인접한 퀸즈를 이어주는 다리다. 사람을 모래톱으로 실어다주기 위한 로프웨이까지 설치되어 있다. 남에서 북으로 갈수록 숫자가 커지는 맨해튼의 도로 주소로 말하자면 59번가에 놓여 있는 이 다리는 사이먼 앤드 가펑클의 노래에도 등장한다.

퀸즈버러 다리를 통과한 직후, 강을 따라가다 보면 붉은 벽돌로 지어진 낡은 저층 건물이 모여 있는 것이 보인다. 서클라인 유람선 승객의 대부분이 무관심하게 지나친 곳이다. 물론 그 건물들에는 자기들이 어떠한 시설인지를 알리는 아무런 표시도 없다.

그런데 과거에 노구치 히데요(野口英世)는 이 건물 복도를 허둥대며 뛰어다녔을 것이고, 오즈월드 에이버리(Oswald Avery)는 그림자처럼 조용히 걸어 다녔을 것이며, 루돌프 쉰하이머 역시 종종 이곳을 찾았을 것이다. 그리고 그러한 위인들에 비할 수는 없지만 나 역시 한때 이곳에 소속되어 있었다.

# 록펠러대학 도서관의 흉상

뉴욕에 있는 록펠러대학을 아는 사람은 많지 않다. 맨해튼의 중심에 있는, 겨울이면 거대한 크리스마스트리가 깜빡이고 스케이트 링크까지 등장하는 유명한 록펠러센터를 말하는 것이 아니다.

록펠러대학은 이스트 강가의 퀸즈버러 다리를 지난 곳에 있는 자그마한 대학이다. 육지의 번지수로 말하면 요크애비뉴 66번가. 요크애비뉴는 맨해튼을 세로로 달리는 주요 스트리트 중 가장 동쪽에 위치해 있다. 보통 관광객은 이런 장소까지 찾아오지는 않으며 이곳에서 나고 자란 뉴욕 토박이조차 수목으로 둘러싸인 이 장소를 공원쯤으로 여기며 지나친다. 요크애비뉴와 66번가의 교차점에 있는 작은 문으로 다가가 소박한 명판을 읽고 나서야 비로소 이곳이 대학임을 알게 된다.

| Rockfeller Univercity (록펠러대학) | —pro bono humani generis— (인류의 향상을 위해) |
|---|---|

이 대학은 20세기 초 미국의 의학 연구 진흥을 위해 록펠러재단이 설립한 것으로, 처음에는 록펠러의학연구소라 불렸다. 지금도 중앙 홀이나 몇몇 연구동은 설립 당

시의 중후한 모습을 그대로 간직하고 있고, 나선 모양으로 타고 올라가는 계단이나 천장에는 운치 있는 디자인이 남아 있다. 록펠러대학은 세계 각지에서 인재를 모았고 대학을 기초의학과 생물학으로 특화시켰다. 이어 잇달아 새로운 발견을 해내고 발표하여 유럽 중심이던 이 분야를 미국으로 끌어오는 데 큰 역할을 했다. 또한 지금까지 수많은 노벨상 수상자를 배출해왔다. 하지만 내가 이야기하고 싶은 것은 이 눈부신 능선의 연장선상에 있는 얘기가 아니다. 어둡고 넓은 어둠 속에 잠긴 산기슭 수목의 희미한 술렁거림에 대해서다.

내가 처음 이 장소를 찾은 것은 1980년대가 끝나갈 무렵이었다. 맨해튼의 빌딩 숲 틈을 비집고 시원한 초여름 바람이 불어와 가로수를 흔들고 있었다. 내가 근무했던 곳은 호스피틀동이라 불리는 가장 오래된 건물 5층에 있는 분자세포생물학 연구실로, 작은 창으로 이스트 강이 한눈에 내려다보이는 곳이었다. 그곳에서 하루 종일 관광객을 가득 태운 서클라인 유람선이 오가는 것을 볼 수 있었다. '나는 지금 강에서 맨해튼 거리를 보고 있는 것이 아니라 이쪽에서 그들을 바라보고 있다'는 단순한 사실만으로도 내가 이 거리에 소속되어 있구나 싶어 나도 모르게 가슴이 벅차오르곤 했다.

록펠러대학 구내에 산재한 건물들은 혹독한 뉴욕의 겨울에 대비해 복잡한 지하 통로로 연결되어 있었다. 나는 실험 도중 틈틈이 지하 통로를 통해 스물네 시간 열려 있는 도서관을 찾았다. 그리고 깨끗하게 잘 손질된 짙은 녹색 의자에 깊숙이 앉아 살며시 심호흡을 했다. 조용하고 아담한 이 도서관은 인적이 드물어, 혼자 조국을 떠나 이 땅을 찾은 내게 마음의 위안을 주고 남몰래 감상에 젖게 해주는 장소였다.

그런데 이곳 도서관 2층 한구석에는 거무스름한 브론즈 흉상이 놓여 있었다. 나는 한동안 그 존재도 몰랐고, 그것이 누구인지도 알아차리지 못했다. 어느 날, 여느 때와 같이 도서관에서 새로 들어온 잡지를 훑어보다가 문득 흉상 명판에 눈이 갔다. 거기에는 'Hideyo Noguchi'라는 이름이 새겨져 있었다. 그렇다. 노구치 히데요도 과거 이곳에 머물렀던 것이다. 빈곤과 어린 시절의 화상이라는 이중의 시련을 극복하고 혈혈단신 미국으로 건너와 세계적인 의학자가 되어 명성을 얻은 인물. 마지막에는 아프리카에서 연구를 하던 도중 뜻하지 않은 죽음을 맞이한 인물. 일본인이라면 누구나 알고 있는 위인전 속 이야기.

그런데 록펠러대학 사람들의 노구치 히데요에 대한

평가는 일본에서와는 상당히 달랐다. 록펠러대학의 몇몇 동료에게 물어보았지만 도서관 흉상의 주인공이 어떤 인물인지 아는 이는 아무도 없었다.

## 노구치 히데요에 대한 상반된 평가

지금 내 손에는 록펠러대학에서 간행하는 2004년 6월호 정기 홍보지가 들려있다. 여기에는 노구치 히데요에 관한 묘한 어조의 기사가 실려있다.

기사는 최근 들어 66번가를 향하고 있는 록펠러대학 정문 관리소에서 우물쭈물하며 뭔가를 부탁하는 일본인 관광객이 급증하고 있다는 내용을 다소 야유 섞인 말투로 전하고 있었다. 도서관 2층에 있는 브론즈상을 볼 수 있도록 해달라는 것이었다. 어떤 날은 여행사가 기획하여 한꺼번에 관광버스 세 대가 도착했다고 한다. 카메라를 목에 건 일본 사람들이 무리를 지어 내려서는 차례차례 브론즈상 앞에서 사진을 찍고, 도서관 사서는 짜증스럽게 그 광경이 끝나기를 기다렸다고 한다.

기사는 그 이유를 밝힌다. 지난 가을 일본의 지폐 디자인이 새롭게 바뀌었는데, 천 엔짜리 신권에 국민적 영웅으로서 노구치 히데요의 초상화가 등장했다는 것이었다. 기사는 일본인들에게 노구치 히데요는 입지전적인 인물로 평가받고 있음을 소개하고 있었다. 그러나 이어서 신랄한 일격을 가했다.

이곳 미국에서 그에 대한 평가는 완전히 다르다고.

록펠러의 창성기인 20세기 초반에 이 캠퍼스 안에서 23년을 보낸 노구치 히데요의 이름을 기억하는 사람은 거의 없다. 그의 업적, 즉 매독, 소아마비, 광견병 혹은 황열병에 대한 연구 성과는 당시에는 극찬을 받았으나 대부분의 결과는 모순과 혼란으로 가득 찬 것이었다. 후에 잘못된 연구라고 밝혀진 것까지 있었다. 그는 오히려 약물 중독에 바람둥이라는 비판까지 받았다. 결국 노구치라는 이름은 록펠러의 역사에서 본론이라기보다는 각주에 지나지 않을지 모른다.

나는 우선 지난날 나의 조용한 성역이었던 도서관이 일본인 관광객으로 인해 소란스러워지고 있다는 사실이 슬펐다. 그래서 나는 노구치가 보려고 했지만 볼 수 없었던 것에 생각을 집중해보았다.

록펠러의학연구소의 설립에 공헌한 저명한 의학 연구원 중에 사이먼 플렉스너(Simon Flexner)라는 사람이 있었다. 플렉스너는 이질균을 분리하는 데 성공한 인물로, 미국 근대 기초의학의 아버지라 불리는 사람이다. 그는 1899년 일본을 방문했을 때 이 불타는 야심의 소유자인 일본인을 만났다. 플렉스너는 예의상 노구치를 크게 격려해주고 지원을 아끼지 않겠다는 뜻을 전했다.

그런데 귀국하고 얼마 지나지 않아 갑자기 그 노구치가 찾아왔다. 플렉스너는 놀랐지만 돌아갈 곳도, 연고지도 없는 그에게 실험 조수 자리 하나를 마련해주었다. 그는 곧 플렉스너의 비호를 받으며 잇달아 눈부신 연구 결과를 발표하기 시작했다. 매독, 소아마비, 광견병 그리고 황열의 병원체를 배양했다는 발표와 함께 200편이라는, 당시로서는 엄청난 양의 논문을 썼다. 한때는 노벨상 후보로도 거론되면서 파스퇴르나 코흐의 뒤를 잇는 슈퍼스타로서 병원체 헌터라고 명성을 날렸다. 그것이 록펠러의학연구소의 이름을 알리는 데도 일조했음은 두 말할 필요 없을 것이다.

1928년. 노구치가 아프리카에서 연구를 하다가 황열병에 걸려 객사하자 록펠러연구소 전체가 애도를 표하고 플렉스너는 노구치의 장례식 일체를 책임졌다. 조각가 세르게이 코넨코프에게 의뢰하여 그의 흉상을 제작하고 도서관에 장식하도록 했다.

파스퇴르와 코흐의 업적은 시간의 시련을 이겨냈지만 노구치의 연구는 그러지 못했다. 많은 병원체의 정체를 밝혔다던 그의 주장 중 대부분은 지금은 틀린 것으로 간주되고 있다. 그의 논문은 어두운 도서관의 곰팡내 풍기는 서고 한구석에 역사의 침전물로 전락하여 먼지를 뒤집어쓰고 있는 흉상과 함께 완전히 잊히고 말았다.

노구치의 연구는 그저 착오였던 것일까? 아니면 고의로 연구 결과를 날조한 것일까? 그렇지 않으면 심한 자기기만에 빠져 무엇이 진짜인지 가려내지 못한 결과일까? 지금에 와서 그 진실을 가릴 수는 없는 노릇이다. 그러나 그가 어디서 뭘 하던 사람인지도 모르는 자신을 거두어준 존경하는 스승 플렉스너의 은혜와 기대에 부응해야 한다는 부담감과, 자신을 냉대했던 일본 학계에 복수를 해야겠다는 생각에 늘 사로잡혀 있었음은 틀림없는 사실이리라. 그런 의미에서 그는 전형적인 일본인이었다.

노구치의 연구 업적에 대한 포괄적인 재평가는 그의 사후 50년이 지나 겨우 이루어졌다. 그것도 미국인 과학자에 의해서 말이다. 이사벨 R. 플레셋이 쓴 《노구치와 그의 후원자》(페어레이디킨스대학출판부, 1980)가 그것이다. 이 책에 따르면 그의 업적 중에 오늘날에 의미가 있는 것은 거의 없다. 당시 그 사실을 아무도 깨닫지 못했던 것은 전적으로 사이먼 플렉스너라는 거물의 존재 때문이었다. 그가 권위 있는 후원자로서 노구치의 배후에 존재했기에 추가 실험이나 비판이 봉쇄되었다고 이 책은 결론짓고 있다(나카이 히사오·마스야 요시히로 역,《노구치 히데요》, 세이와쇼텐, 1987).

노구치를 전대미문의 파렴치한 인간으로 묘사한 평전 중에 와타나베 준이치의 《머나먼 석양》(가도가와쇼텐, 1979)이 있다. 여기서 노구치는 결혼 사기 행각을 일삼고 약혼자나 그를 지원했던 사람들을 배반한, 어떤 의미에서 보면 생활 파탄자의 모습으로 묘사되어 있다. 그러나 그에 대한 이런 재평가는 일본에서는 힘을 얻지 못하고 지금까지도 위인전에 실리는 전형적인 인물로 거의 신격화되었다. 그러다가 이제는 지폐에 그의 초상화가 실릴 정도까지 되었으니 생각해보면 기묘한 일이 아닐 수 없다. 록펠러대학 홍보지가 비아냥거리는 것도 당연하다(참고로 히구치 이치요 역시 지폐 초상화의 주인공으로는 너무나 어울리지 않는 인물이다).

## 보려 했으나 보이지 않았던 것

공평을 기하기 위해 한마디한다면, 당시 노구치는 보일 리가 없던 것을 보고 있었던 것이다. 광견병이나 황열병의 병원체는 당시에 아직 그 존재가 알려지지 않은 바이러스에 의한 것이었다. 자신을 받아들여주지 않았던 일본에 대한 증오와 도피처로 삼았던 미국에 대한 야심이 노구치의 내부에서 건설적인 결말을 찾지 못했던 것처럼, 바이러스라는 것은 너무나 미세하여 그가 사용하던 현미경에서는 그 실체를 드러낼 수 없었다.

이동하는 병, 즉 전염병에는 반드시 그 원인이 되는 병원체가 존재한다. 그것이 사람에서 사람으로, 경우에 따라서는 동물에서 사람으로 옮겨 다님으로써 질병이 옮는다. 그런 병원체의 존재를 인류는 어떻게 확인할 수 있었을까?

당신이 과학자라고 가정해보자. 밀봉된 시험관 안에 어떤 병에 걸린 환자로부터 채취한 체액이 들어 있다. 그 안에 병원체가 잠복하고 있을 가능성이 있다. 당신은 우선 자신이 감염되지 않도록 충분한 방어 조치를 취하지 않으면 안 될 것이다. 샘플과 직접 접촉하지 않도록 양손에 얇은 고무장갑을 낀다. 재채기를 할 경우를 대비해

마스크를 쓰고, 방어 고글을 착용한다. 그리고 흰 가운을 입는다. 기구는 모두 일회용을 사용하며 버리기 전에 120도에서 한꺼번에 한 시간 정도 살균 처리를 한다. 이를 위해 두꺼운 플라스틱 섬유로 된 폐기 봉투를 옆에 준비해둔다.

병원체는 아주 작다. 물론 육안으로는 볼 수 없다. 사람이 육안으로 볼 수 있는 최소 입자의 크기는 지름이 약 0.2밀리미터(=200마이크로미터)이다. 물론 이는 시력이 아주 좋은 사람의 경우다. 대부분의 사람은 1밀리미터보다 작은 것을 명확히 식별하지 못한다. 이는 사람 눈이 가진 능력의 한계다. 질병을 일으키는 병원미생물, 소위 말하는 세균은 보통 동그란 모양을 하고 있으며 지름은 1마이크로미터 정도다. 작지만 그래도 사람들이 식별할 수 있는 겨자씨를 럭비공이라 하면 세균은 은단 정도밖에 되지 않는다. 이것을 '보기' 위해서는 현미경을 사용할 수밖에 없다. 광학현미경의 원형은 일찍이 1800년대에 개발되었다. 1900년대 초반, 즉 노구치 시대에는 상당히 고성능의 현미경이 존재했다.

떨어지거나 노출될 것을 우려해 팔레트 위에서 조심스럽게 시험관을 개봉한다. 피펫을 사용해 체액의 극히 소량을 슬라이드글라스 위에 신중하게 떨어뜨린다. 시험관은 다시 뚜껑을 닫아둔다. 슬라이드글라스 위에 작은 커버글라스를 덮어 샘플을 얇게 편다. 그것을 조심스럽게 현미경 관찰대 위에 놓는다. 당신은 숨을 죽이고 접안렌즈를 들여다볼 것이다. 천천히 다이얼을 돌려가며 초점을 맞춘다. 처음에는 부옇던 시야가 서서히 뚜렷해지기 시작한다.

이건 뭔가! 등줄기가 오싹해진다. 현미경 시야 전체에 미세한 쌀알 같은 것들이 작게 떨리며 꿈틀대고 있는 게 아닌가. 바로 이거다. 이거야말로 이 기괴한 질병의 병원체임에 틀림없다! 드디어 나는 병원체를 발견한 것이다. 서둘러 발표를 준비해야겠다……

## 병원체의 규명 절차

당신의 위대한 발견이 과학사의 한낱 작은 먼지로 전락하지 않기 위해서는 이 이론을 어떻게 신중하게 다뤄야 할까. 그것은 감염을 예방하기 위한 조치보다 더하면 더했지 결코 덜하지 않은 신중함이 요구되는 과정이다.

당신은 또 다른 시험관을 집어 든다. 그것은 건강한 사람에게서 채취한 체액이다. 환자와 같은 성별, 같은 나이, 기타 다른 조건도 가능한 한 일치시키고 체액 채취 방법이나 채취 시간도 같게 했다. 그것을 현미경으로 확인한다. 피펫이나 슬라이드글라스 등 실험 기구는 모두 새것으로 준비한다. 만약을 대비해 장갑, 마스크, 고글, 가운까지도 갈아입는다. '교차 오염' 방지, 즉 자기도 모르는 사이에 미량의 다른 샘플이 섞여 들어가, 원래는 아무것도 없던 곳에서 무언가가 검출되는 것을 막기 위함이다. 이렇게 조심스럽게 건강한 몸에서 채취한 체액, 즉 대조 샘플을 검사한다.

만약 여기서도 미세한 쌀알 같은 것들이 일제히 작게 떨리며 꿈틀대고 있다면 게임 오버. 당신이 관찰한 그 쌀알 같은 미생물은 질병에 걸린 사람 몸에도, 건강한 사람 몸에도 존재하는 무언가이며 질병 발생과는 아무런 관계도 없는 것이 되고 만다. 그렇게 우리 몸에 항상 존재하는 것은 너무나도 많다. 이 시점에서 당신은 다시 정신을 차리고, 연구도 원점으로 돌아간다.

그렇다면 건강한 사람에게서 채취한 대조 샘플을 아무리 살펴봐도 깨끗하고, 현미경 시야에 일제히 작게 떨리며 꿈틀대는 쌀알 같은 것들이 전혀 보이지 않는다면? 제1단계는 통과다. 이 즈음에서 비로소 질병을 앓고 있는 상태와 건강한 상태의 '차이'를 인정할 수 있게 된다. 결국 우리가 자연에 대해 무언가를 기술할 수 있게 되더라도, 그것은 '어떤 상태와 또 다른 상태가 다르다'는 정도밖에는 안 될 것이다.

물론 아직 기뻐하기에는 이르다. 모든 것에는 '좀 더' 많은 예(케이스)가 필요한 법이다. 당신은 사방팔방 손을 써서 가능한 한 많은, 그 병에 걸린 환자의 체액을 모아야 한다. 그와 동시에 환자와 비교가 될 만한 건강한 사람의 대조 샘플도 모아야 한다. 그러고 나서 작게 떨리며 꿈틀대는 쌀알 같은 미생물이 환자의 체액에는 '반드시' 존재하지만 건강한 사람의 체액에는 존재하지 않음을 증명해야 한다.

그렇다면 도대체 얼만큼 많은 예가 필요할까? 만약 이 병이 상당히 희귀한 것이라면 첫 보고에서는 열 건 정도의 예가 있으면 될 것이다. 환자가 폭발적으로 증가하고 있는 유행성 질환이라면 좀 더 많은 예가 필요하다.

그렇다면 먼저 '반드시' 존재함이 증명되어야 한다고 했는데, 환자 중에 그 질병의 특징적 증상이 나타나고 있음에도 불구하고 체액 샘플에는 아무리 찾아도 해당 미생물이 없는 경우가 있다면 어떨까? 당신은 몰래 그 데이터를 '없었던 일'로 만들고 싶다는 유혹에 빠질지도 모른다. 그렇게 해버리면 당신의 가설은 더욱 설득력을 얻을 것이다.

그러나 그것은 단적으로 말해 허위다. 만약 당신이 제대로 된 과학자가 되기 위한 자기 규범을 지닌 사람이라면 이런 경우를 예외로 해서는 안 된다. 연구 데이터에는 반드시 예외나 편차가 포함된다. 그것은 단순한 실수나 착오(체액 채취 과정의 실수나 보존 조건의 미비, 샘플 조제 시의 실수, 현미경 관찰법 미숙 등)인 경우도 많지만 다른 생물학적 의미를 갖는 현상일지도 모른다.

이런 경우는 나중에 밝혀지기도 한다. 예를 들어 병원체는 환자의 체액에서 일시적으로 모습을 감추고는 특별한 부위에 숨는 시기가 있다는 것이 밝혀지기도 하고, 상당히 유사한 증상을 보이는 다른 질병이 발견되기도 한다. 이와 반대의 경우도 있을 수 있다. 건강한 사람인데도 체액 중에 미생물이 확인되는 경우다. 설명하기는 좀 어렵지만 관찰 사실은 관찰 사실로 받아들여야 하는 것이다. 미생물이 존재하더라도 발병을 억제하는 상황이 있을 수 있기 때문이다.

이러한 절차를 밟은 후에 환자 열 명 중 여덟아홉 명의 체액에서 미생물의 존재가 확인된다면 병원체 규명이라는 제2단계를 무사히 마쳤다고 할 수 있다. 경우에 따라서는 더욱 낮은 빈도, 예를 들어 검사 대상 환자 가운데 절반에게서만 미생물이 검출되어도 관련성을 인정하는 경우도 있다. 병원 미생물의 움직임은 다이내믹하기 때문에 체액 속에 검출에 필요한 충분한 양의 미생물이 항상 존재하라는 법은 없기 때문이다.

그러나 사실 더 큰 함정이 입을 크게 벌리고 당신을 기다리고 있다.

# 제2장

# 칭송받지 못한 영웅

## 용의자 X가 진범이기 위해서는?

어떤 병원체가 그 질병의 원인임을 증명하기 위해서
는 어떤 조건이 필요할까? 우선 첫 번째로 '그것'이 반드
시 환자의 병소(病巢, 병원균이 모여 있어 조직에 병적 변화를 일
으키는 자리 — 옮긴이) 혹은 체액 등에서 검출되어야 한다.

그렇다면 환자의 샘플을 현미경으로 관찰했을 때 대
부분에서 쌀알 같은 미생물이 발견되고 반대로 건강한
사람에게서는 발견되지 않았다면 그 시점에서 이 미생
물이 질병을 유발하는 병원균이라고 단정 지을 수 있을
까? 그렇지 않다.

용의자 X는 분명히 어느 범행 장소에서든 그 모습을
들켰다. 그러나 X가 직접 관여했다는 증거는 그 어디에

도 없다. 즉 어떤 미생물이 병소에서 반드시 검출되었다 하더라도 그 시점에서는 아직 증거가 충분하지 않은 것이다. 두 개의 현상, 즉 미생물의 존재와 질병 발병은 어디까지나 상관관계에 불과하다. 상관관계가 원인과 결과의 관계, 즉 인과관계로 발전하기 위해서는 다음 단계로 나아가야 한다. 노구치 히데요가 빠진 함정은 바로 이 부분이었다.

어떤 미생물이 '원인'이 되어 특정 질병이 발병하는 '결과'를 초래한다고 하자. 그렇다면 이 관련성을 증명하기 위해 또 어떤 요건이 필요할까? 관찰은 자연과학에서 가장 중요한 수단이지만 아무리 환자를 관찰해도 연구에 진전이 없는 경우가 있다. 관찰함으로써 상관관계를 발견할 수는 있어도 인과관계를 입증할 수는 없다.

인과관계는 '개입(介入)' 실험을 통해 비로소 밝혀진다. 개입 실험이란 말 그대로 원인으로 생각되는 상황을 인위적으로 만들어 예상되는 결과가 일어나는지를 테스트하는 것이다. 현미경 아래서 꿈틀대던 미생물을 가느다란 피펫으로 빨아올려 건강한 실험동물에게 접종하고 질병이 발생하는지 확인하는 것이다.

노구치 히데요도 아마 여러 번에 걸쳐 개입 실험을 했을 것이다. 병소에서 추출한 샘플을 현미경으로 관찰해보니 특수한 미생물이 있었고, 그 미생물을 건강한 동물에 접종하여 인위적으로 질병을 유발하는 데 성공하기도 했다. 이는 병원체를 증명하는 훌륭한 방법 아닌가. 그러나 유감스럽게도 이 또한 아니다. 그는 보이지도 않는 것을 보려 했으며, 잡히지 않는 것을 잡으려 했다.

앞서 개입 실험 방법을 설명하면서 '현미경 아래서 꿈틀대는 미생물을 가느다란 피펫으로 빨아올려'라고 했다. 바로 이 부분에 포인트가 있다. 가느다란 피펫으로 빨아올린 액체에는 분명 미생물이 존재한다. 그 액체를 다른 동물에게 주사하면 같은 질병을 일으킨다. 현미경으로 보면 밝고 투명한 액체 속에 미세하게 꿈틀대는 미생물이 보인다. 그 외에는 아무것도 보이지 않는다. 그러나 보이지 않는다고 해서 그 속에 그 미생물 외에 다른 것이 아무것도 없었느냐 하면, 그건 알 수 없는 일이다.

그러나 사람의 눈은 눈앞에 보이는 것에만 현혹되어 그 밝고 투명한 배경에까지는 상상력이 미치지 않는 법이다. 비록 지금 눈에 보이는 미생물이 질병을 일으키는 진범이 아니라 병에 걸려 쇠약해진 몸에 우연히 기생하게 된 '기회주의 감염체'라 해도 말이다. 그리고 아무것도 존재하지 않는 것처럼 보이는 밝고 투명한 배경 속에 보이지 않는 미세한 무언가가 숨어 있다 하더라도.

# 바이러스의 발견

---

담배모자이크병이라는 희한한 병이 있다. 담뱃잎에 검은색의 모자이크 모양 반점이 생기는 병으로, 담배의 상품 가치를 떨어뜨린다.

이 담배모자이크병에 걸린 잎을 따서 짓이겨 건강한 잎에 묻히면 그 잎에서도 모자이크병이 발생한다. 즉 질병이 전달되는 것이다. 질병을 옮긴다는 것은 거기에 어떤 병원체가 존재한다는 뜻이다. 그러나 병에 걸린 잎이나 그 잎을 짓이긴 추출액을 현미경으로 관찰해봐도 어떤 특별한 미생물을 발견할 수는 없었다.

1890년대의 어느 시기에 러시아의 과학자 드미트리 이바노프스키(Dmitri Ivanovsky)는 그 병원체의 크기를 측정해보려 했다. 그가 사용한 것은 초벌구이한 도자기 판이었다. 깨진 화분 조각 정도로 생각하면 될 것이다. 그 도자기 판에는 그물망 모양의 미세한 구멍이 수도 없이 뚫려 있다. 도자기 판 위에 물을 떨어뜨리면 물은 그 구멍으로 스며들어 반대편으로 새어 나온다. 그 물에 미생물이 존재한다고 하자. 대장균이나 이질균 같은 단세포 미생물은 아무리 작아도 지름이 1에서 몇 마이크로미터는 된다. 도자기 판에 뚫린 구멍의 크기는 그 크기의 5분의 1에서 10분의 1 이하로, 훨씬 작다. 그리고 구멍은 도자기 판의 내부를 관통한다. 결론적으로, 단세포생물이 그곳을 통과할 수는 없다.

따라서 초벌구이를 한 도자기 판으로 미생물이 함유된 물을 '여과'할 수 있는 것이다. 위생 상태가 나쁘고 병원체를 잔뜩 갖고 있는, 즉 그 상태로 마시면 그 자리에서 배탈이 날 것 같은 물이라도 도자기 판으로 거르면 정화할 수 있다는 얘기다. 이는 경험적으로도 알려진 사실이다. 참고로 현재 개발도상국의 위생 상태를 개선하기 위해 배포하고 있는 여과 물병도 이와 같은 원리를 이용한다. 물론 도자기 대신에 고분자를 그물망 모양으로 성형한 얇은 필터가 장착되어 있다. 필터의 눈의 크기는— 이를 포어 사이즈(pore size)라고 부르는데—0.2마이크로미터 정도다.

이바노프스키는 도자기 판을 이용하여 담배모자이크병에 걸린 병든 잎 추출액을 여과해보았다. 그러면 도자기 판 반대쪽으로 스며 나온 액체에는 병원체가 존재하지 않아야 한다. 그리고 그 액체를 건강한 잎에 발라도 그 잎이 당연히 병에 걸리면 안 된다. 그러나 실험 결과는 이바노프스키의 예상을 뒤집는 것이었다. 도자기 판의 여과액에도 담배모자이크병을 유발하는 힘이 충분히 남아 있었다. 도자기 판을 무사 통과할 수 있는 미생물! 크기로 따지자면 단세포생물의 10분의 1 이하. 당연히 광학현미경의 해상도로는 도저히 따라갈 수 없는 크기다. 물론 당시에는 그런 미세한 병원체가 존재한다고 생각하는 사람은 아무도 없었을 것이다. 이바노프스키도 당장에는 그 실험 결과를 믿을 수가 없었다.

이러한 경우, 즉 자신이 예상했던 바와는 다른 실험 결과가 나온 경우, 과학자는 일반적으로 이렇게 생각한다. 실험 과정에 뭔가 문제가 있었기 때문에 제대로 된 결과를 얻을 수 없었을 것이다……. 당연히 이바노프스키도 처음에는 그렇게 생각했다. 사용하던 도자기 판이 불량이었을지도 모른다, 금이 갔거나 커다란 구멍이 뚫려 있어서 병원체가 빠져나왔을지도 모른다…….

만약 그런 '합리적 의심'이 든다면 과학자는 대조 실험이라는 것을 해야 한다. 이런 경우의 대조 실험은 같은 도자기 판을 이용하여 이미 크기를 알고 있는 미생물, 예를 들면 지름이 1마이크로미터인 대장균을 여과시켜 이것이 도자기 판을 통과하는지를 조사하는 것이다. 만약 적은 양이라도 대장균이 통과한다면 도자기 판 어딘가에 금이 갔다는 얘기다. 만약 대장균이 전혀 통과하지 못한다면 담배모자이크병을 유발하는 병원체는 대장균보다도 훨씬 작은 무엇일 것이다. 이바노프스키는 완전히 새로운 어떤 것이 존재할 것이라 생각하는 대신, 작은 세포가 존재할 것이라 추측했다.

그러나 얼마 지나지 않아 네덜란드의 마르티누스 빌렘 바이예린크(Martinus Willem Beijerinck, 1851~1905)가 담배모자이크병에 대한 연구를 상세히 재검토한 후, 여과성 병원체인 '생기를 띤 감염성 액체'가 존재한다고 주장했다. 이것이 처음으로 세균과는 다른 미세한 감염 입자가 있다는 보고, 즉 바이러스의 발견이었다. 이렇게 되자 최초의 '발견자'인 이바노프스키도 가만히 있을 수만은 없었다. 자신에게 우선하는 발견자의 권리가 있음을 맹렬하게 주장하여, 오늘날에는 담배모자이크 바이러스를 최초로 발견한 사람이 이바노프스키인 것으로 통한다.

## 바이러스는 생물인가?

바이러스는 단세포동물보다도 훨씬 작다. 대장균을 럭비공이라 한다면 바이러스는(종류에 따라 다르지만) 탁구공이나 유리 구슬 정도의 크기다. 광학현미경으로는 해상도의 한계보다 작아 형태를 알아볼 수 없다. 바이러스를 '볼 수 있게' 된 것은 광학현미경보다도 열 배에서 백

배 정도 배율을 높인 전자현미경이 개발된 1930년대 이후였다.

노구치 히데요가 황열병에 걸린 것은 1928년이었다. 당시 아직 세계는 바이러스의 존재를 알지 못했다. 그리고 그가 일생을 걸고 좇던 황열병도, 광견병도 모두 그 병원체는 바이러스였다. 그가 반복하고 또 반복하여 관찰한 현미경 속의 배경은 그의 성급함을 잠시라도 잠재우고 미지의 가능성을 예시하기에는 너무나도 밝고 지나치게 투명했다.

전자현미경을 통해 처음으로 바이러스를 관찰한 과학자들은 묘하게 감개무량했을 것이다. 바이러스는 지금까지 그들이 알고 있던 어떤 병원체와도 다르며 심하다 싶을 정도로 정돈된 풍모를 지니고 있었기 때문이다. 지나치게 한결같다고나 할까.

과학자들은 병원체에 국한하지 않고 일반적으로 세포를 촉촉하고 말랑말랑하며 대략적인 형태는 있으나 미묘하게 제각각인, 연약한 원형의 것이라 생각했다. 그런데 바이러스는 달랐다. 그것은 마치 M. C. 에셔(Maurits Cornelius Escher, 1898~1972, 네덜란드의 판화가 — 옮긴이)의 작품처럼 훌륭한 기하학적 아름다움을 지녔다. 어떤 것은 정이십면체 같은 다각형이기도 했고, 어떤 것은 누에고

치처럼 개체가 나선 모양으로 켜켜이 쌓인 구조체, 또 어떤 것은 무인 화성 탐사선 같은 기계 모양이었다. 그리고 같은 종류의 바이러스는 반드시 똑같은 모양이었다. 크기가 다르거나 개성 같은 차이가 존재하지도 않았다. 왜 그럴까? 바이러스는 생물이 아니라 어디까지나 물질에 가까운 존재이기 때문이다.

바이러스는 영양을 섭취하는 법이 없다. 호흡도 하지 않는다. 물론 이산화탄소를 배출하지도 않을뿐더러 노폐물을 배출하는 일도 없다. 즉 대사(代謝)는 일절 하지 않는다. 바이러스를 혼합물이 없는 순수한 상태로까지 정제시킨 후, 특수한 조건에서 농축하면 '결정(結晶)'으로 만들 수 있다. 이는 축축하며 형태가 일정치 않은 세포에서는 도저히 상상할 수도 없는 일이다. 결정은 같은 구조를 갖는 단위가 일정한 규칙에 따라 채워지며 생성된다. 이런 점을 보더라도 바이러스는 광물과 흡사한, 틀림없는 물질인 것이다. 바이러스의 기하학적 성질은 단백질이 규칙적으로 배치된 딱딱한 껍질에서 유래한다. 바이러스는 기계들의 세계에서 온 미세한 조립식 장난감 같은 것이다.

그러나 바이러스를 단순한 물질과 분명히 구분 짓는 유일한, 그리고 가장 큰 특성이 있으니 바로 스스로 증식한다는 것이다. 바이러스는 자기 복제 능력을 갖고 있다. 바이러스의 이 능력은 단백질 껍질 내부에 자리 잡은 단일 분자가 도맡고 있는데, 핵산='DNA 혹은 RNA'가 바로 그것이다.

바이러스가 자기를 복제하는 모습은 마치 영화 〈에이리언〉의 한 장면 같다. 바이러스는 단독으로는 아무것도 하지 못한다. 세포에 기생해야만 복제가 가능하다. 바이러스는 우선 혹성에 불시착하듯 그 기계적인 입자를 숙주로 삼을 세포의 표면에 부착시킨다. 그 접착 지점을 통해 세포의 내부를 향해 자신의 DNA를 주입한다. DNA에는 바이러스를 구축하는 데 필요한 정보가 입력되어 있다. 숙주 세포는 아무것도 모른 채 그 외래 DNA를 자신의 일부라고 착각하고 복제하는 한편 DNA 정보를 기본으로 열심히 바이러스의 구성 재료를 만든다. 세포 내에서 그것들이 재구성되면서 잇달아 바이러스가 생산된다. 그렇게 새로 만들어진 바이러스는 곧장 세포막을 뚫고 일제히 밖으로 뛰쳐나온다.

바이러스는 생물과 무생물 사이에서 방황하는 그 무엇이다. 만약 생명을 '자기를 복제하는 것'이라고 정의 내린다면 바이러스는 틀림없이 생명체다. 바이러스가 세포에 달라붙어 그 시스템을 이용하여 스스로를 증식시키는 모습은 기생충과 다를 바 없다. 그러나 바이러스 입자 단위를 바라보고 있노라면 그것은 무기질적이고 딱딱한 기계적 오브제에 지나지 않아, 생명으로서의 움직임은 전혀 느껴지지 않는다.

바이러스를 생물의 범주에 넣어야 하느냐 무생물의 범주에 넣어야 하느냐 하는 문제는 오랫동안 논란의 대상이었다. 아직까지 결론이 나지 않았다고 봐도 좋다. 그것은 달리 말하자면 생명이란 무엇인가를 정의하는 논쟁이기도 하기 때문이다. 이 책의 목적도 바로 거기에 있다. 생물과 무생물 사이에는 도대체 어떤 경계선이 있는 것일까? 나는 그에 대해 다시 한번 정의를 내리고자 한다.

단적으로 결론을 말하자면 나는 바이러스를 생물이라 정의하지 않는다. 즉 "생명이란 자기 복제를 하는 시스템이다"라는 정의로는 불충분하다고 생각한다는 것이다. 그렇다면 생명의 특징을 파악하기 위해서 그 외에 어떤 조건을 설정할 수 있을까? 생명의 움직임? 앞에서 나는 그렇게 말했다. 이런 말을 들었을 때 연상되는 이미지를 미시적인 해상력을 지닌 현재 상태에서 최대한 정확히 정의할 수 있는 방법은 없을까? 나는 그 방법을 찾고자 한다.

이것의 전제로 우리는 다시 한번 자기 복제라는 개념의 성립 과정을 톺아볼 필요가 있다. 이를 위해 무대는 다시 뉴욕 요크애비뉴 66번가로 되돌아간다.

## 칭송받지 못한 영웅

일본 속담에 "툇마루 밑의 장사"라는 말이 있다. 보이지 않는 곳에서 도움을 주는 존재를 의미하는 말인데, 영어로는 뭐라고 표현하면 좋을까? 내가 즐겨 이용하는 《일미구어사전》(아사히출판사, 1977)에 의하면 "an unsung hero"라고 나와 있다. 칭송받지 못한 영웅. 에드워드 조지 사이덴스티커와 마쓰모토 미치히로에 의해 만들어진 이 뛰어난 사전은 출판된 지 30년이 넘었지만 아직도 읽을 때마다 재미있다. 여담으로 그들은 "He's doing an excellent job though he isn't getting any credit'이라는 설명을 곁들여 번역하는 편이 무난할지도 모르겠으나 역시 이런 문장은 재미가 없다"라고 하며 'an unsung hero'라는 맛깔스러운 번역을 선택했다고 한다.

20세기는 생명과학의 막이 오르고 그 화려한 꽃이 개화한 시기다. 그렇다면 그 서막을 처음으로 연 사람은 누구였을까? 1953년, 영국의 케임브리지대학에 있던 제임스 왓슨과 프랜시스 크릭은 DNA가 이중나선 구조라는 너무나도 아름답고 간단한 사실을 발표하여 세상을 놀라게 했다. 당시 왓슨은 아직 20대, 크릭은 30대였다. 이 발견은 그 전까지는 완전 무명이었던 젊은 과학자 둘을 20세기 생명과학 역사상 가장 유명한 스타로 만들었다. 이 '전광석화 같은 성공'은 그들 앞에 레드 카펫을 깔아주었고 그것은 훗날 스톡홀름에서 개최된 노벨상 시상식까지 일직선으로 뻗어 있었다. 두말할 필요도 없이 그들은 아낌없는 찬사를 받은 칭송받은 영웅들(sung heroes)이었다.

프롤로그에서도 말했듯이 이중나선이 중대한 의미를 갖는 것은 그 구조가 아름다울 뿐만 아니라 기능까지 내포하고 있기 때문이다. 왓슨과 크릭은 논문 마지막 부분에서 담담하게 말했다. '이 대칭 구조가 바로 자기 복제 시스템을 시사한다는 것을 우리가 모르는 게 아니다'라고.

DNA의 이중나선은 서로 상대방을 복제한 상보적 염기 서열 구조를 하고 있다. 그리고 이중나선이 풀리면 두 개의 가닥, 즉 플러스 가닥과 마이너스 가닥으로 나뉜다. 플러스 가닥을 모체로 삼아 새로운 마이너스 가닥이 생기고, 원래의 마이너스 가닥에서 새로운 플러스 가닥이 생성되면 두 쌍의 새로운 DNA 이중나선이 탄생하게 된다. 플러스 혹은 마이너스로써 나선상의 필름에 새겨진 암호, 그것이 바로 유전자 정보다. 이것이 생명의 '자기 복제' 시스템이며, 새로운 생명이 탄생할 때 혹은 세포가 분열할 때 정보가 전달되는 메커니즘의 근간을 이루는 것이다.

젊은 왓슨과 크릭이 DNA 구조를 풀기만 하면 일약 유명 스타가 될 거라고 생각한 것은 DNA야말로 유전 정보를 운반하는 가장 중요한 정보 분자라는 것을 이미 알고 있었기 때문이다. 그렇다면 누가 세계 최초로 'DNA=유전자'라는 것을 발견했을까? 그것은 오즈월드 에이버리 (Oswald Avery, 1877~1955)라는 인물이었다.

## 오즈월드 에이버리

록펠러대학에서 근무하던 당시, 내 연구실은 20세기 초반 설립 당시부터 있던, 캠퍼스에서 가장 낡은 호스피틀동이라 불리는 건물 안에 있었다. 건물 앞 정원에는 예쁘게 손질된 화단이 있었는데, 기나긴 뉴욕의 겨울이 끝나면 일제히 튤립을 피워냈다.

건물은 단순한 구조였다. 층층마다 가운데 복도가 있고 양쪽으로 좁은 연구실이 죽 늘어서 있었다. 건물은 지하 2층과 지상 10층으로 되어 있었기 때문에 대부분의 연구원들은 건물 중앙에 있는 오래된 엘리베이터를 이용했다. 내가 소속된 분자세포생물학 연구실은 가운데 층인 5층에 있었다. 복도 양끝에는 작은 문이 있었는데 그곳을 빠져나가면 평소에는 아무도 사용하지 않는 계단의 층계참이 나온다. 나는 그곳이 마음에 들었다.

계단은 긴 원형의 나선을 그리며 아래에서 위로 향하고 있었다. 손잡이에는 아마 당시에 유행하던 모양이었을 독특한 조각이 새겨져 있었고, 위쪽 계단에서 계단 안쪽을 내려다보면 좁고 기다란 원이 규칙적으로 겹겹이 겹쳐 있었다. 가만히 들여다보고 있노라면 현기증이 날 것 같은 이 기하학적 문양은 내게 어렸을 때 보았던 SF드라마 〈타임 터널〉을 생각나게 했다. 아니, 말 그대로 그 계단은 타임 터널이었다.

뉴욕에서의 연구 생활에 익숙해질 즈음의 어느 날, 연구실의 팀장이 내게 이런 말을 했다.

"신이치, 위층인 6층에 누가 있었는지 아나? 바로 에이버리라네."

실험으로 귀가가 늦어지던 어느 날 밤, 나는 나선형 계단을 올라가 6층으로 가보았다. 인기척이 없는 복도는 쥐 죽은 듯 조용했다. 리놀륨이 깔린 바닥에는 흐릿한 전

등 불빛이 비치고 있었다. 실험 샘플이 담긴 냉장고만이 낮은 소리를 내며 돌아가고 있었다. 에이버리가 여기서 보낸 마지막 날들로부터 40여 년이 흘렀다. 그 후 분명히 복도도, 벽도 새로 단장했을 것이고 당시의 흔적이 남아 있을 리는 없었다. 그래도 나는 에이버리의 흔적을 본 것만 같았다.

그것은 에이버리가 이 복도를 지나다녔을 무렵, 록펠러연구소와 마찬가지로 맨해튼에 자리한 컬럼비아대학 생화학 연구실에 근무하던 DNA 과학자, 어윈 샤가프 (Erwin Chargaff, 1905~2002)가 쓴 다음 문장이 마음 어딘가에 남아 있었기 때문이다.

나는 가끔 록펠러의학연구소를 방문했다. ─ 나는 M. 버그먼의 연구실을 방문했었는데 ─ 옅은 갈색 실험 가운을 입은 늙은 생쥐 같은 모습을 한 사람이 복도 벽 쪽으로 붙어 잰걸음으로 왔다갔다하는 모습을 종종 볼 수 있었다. 그가 바로 에이버리였다. (R. J. 듀보스 저. 야나기사와 가이치로 역.《생명과학에의 길》. 이와나미 현대선서. 1979)

에이버리는 1877년 캐나다에서 목사의 아들로 태어났으나 열 살 되던 해에 미국 뉴욕으로 이주했다. 컬럼비아대학에서는 의학의 길을 선택했다. 에이버리가 과학 연구를 시작한 것은 1913년, 록펠러의학연구소에 근무하면서부터였다. 당시 그의 나이 서른여섯. 과학자로서는 상당히 늦은 시작이었다.

그는 연구소에서 세 블록 떨어진 작은 아파트에 살았다. 아침 9시 즈음에 출근하여 호스피틀동의 연구실로 들어갔다가 밤에는 곧장 집으로 향하는 규칙적인 생활을 평생 계속했다고 한다. 학회에 참석하거나 강연 여행을 다니는 일도 거의 없었고 뉴욕 밖으로 나가는 일도 드물었다. 평생을 독신으로 지냈다.

그의 외모는 특이한 편이었다. 작은 체구에 화려한 외모, 가운데 부분이 툭 튀어나오고 벗겨진 커다란 이마, 크고 튀어나온 눈, 주걱턱. 마치 《그림동화》에 나오는 소인이나 웰즈의 SF소설에 나오는 우주인 같은 모습이었다.

그의 록펠러 시대는 노구치 히데요가 그곳에 있었던 시기와 완전히 일치한다. 아마도 두 사람이 자주 이야기를 나누지는 않았더라도 서로를 알고 있었을 것이다. 그러나 에이버리의 연구가 경지에 다다른 것은 노구치가 이 세상을 떠난 1930년대부터였다. 때마침 긴 불황에서 빠져나와 맨해튼에 앞다투어 고층 빌딩이 들어서기 시작하던 무렵이다. 에이버리는 연구소로 출퇴근하면서 저 멀리 솟아오르는 크라이슬러빌딩이나 엠파이어스테이트빌딩을 바라보았을 것이다.

가족도 없이 지내던 그의 생활이 지극히 단조로웠을 것이라 생각할 수도 있겠지만, 그의 내면에서는 결코 그렇지만은 않았을 것이다.

하늘을 향해 조금씩 솟아오르는 마천루처럼 그도 진실을 향해 다가가고 있었다. 에이버리의 연구 테마는 폐렴쌍구균의 형질전환이란 것이었다.

## 유전자 본체를 찾아

폐렴은 오늘날 항생물질로 간단히 치료할 수 있지만 에이버리가 록펠러연구소에서 근무하기 시작할 무렵에는 이 병에 걸린 사람들이 많이 죽어갔다. 치료법도 전혀 알려져 있지 않았다. 의사들은 환자가 병마와 싸워 이겨내 자연스럽게 회복하기를 기도하는 수밖에 없었다.

폐렴쌍구균은 폐렴의 병원체다. 이는 단세포 미생물이며 바이러스는 아니다. 보통의 광학현미경으로도 관찰할 수 있다. 이 균에는 몇 가지 종류가 있는데, 크게 나눠보면 강한 병원성을 갖는 S형과 병원성이 없는 R형이 있다. S형에서는 S형 균이, R형에서는 R형 균이 분열을 통해 증식한다. 즉 균의 성질은 유전된다.

에이버리의 선배 중에 영국 과학자인 프레드 그리피스(Fred Griffith, 1877~1941)라는 사람이 있었다. 그는 이상한 현상을 발견했다. 병원성이 있는 S형 균을 가열하여 죽이고 이를 실험동물에게 주사했는데 폐렴을 일으키지 않았던 것이다. 당연한 얘기다. 또한 병원성이 없는 R형 균을 그대로 실험동물에게 주사해도 폐렴은 발병하지 않았다. 이 또한 당연한 얘기다. 그런데 죽은 S형 균과 살아 있는 R형 균을 섞어 실험동물에게 주사하니 폐렴이 발병하여 동물 체내에서 살아 있는 S형 균이 발견된 것이 아닌가. 대체 어찌된 일일까? S형 균은 비록 죽어 있어도 어떤 작용을 일으켜 R형 균을 S형 균으로 바꾸는 능력이 있다는 말인데……. 그리피스는 이 작용의 실체를 밝히지는 못했다.

에이버리는 이 묘한 현상의 원인을 밝혀내고자 했다. S형 균을 짓이겨 죽인 다음 균 체내의 화학물질을 추출했다. 이를 R형 균에 섞으면 R형 균은 S형 균으로 변한다. 에이버리의 실험대 위에는 위대한 선구자 그리피스의 사진이 놓여있었다. 에이버리는 균의 성질을 바꾸는 화학물질이 도대체 무엇인가를 밝히려 했다.

균의 성질을 바꾸는 물질. 이는 다름 아닌 '유전자'이다. 그는 유전자의 화학적 본체 규명이라는 생물학 역사상 가장 중요한 과제에 도전장을 내민 것이다. 그러나 신중하고 조심스러운 성격의 에이버리는 이 물질을 유전자라고 부르지 않고 형질전환물질이라 불렀다.

당시에는 이미 유전자의 존재와 그 화학적 실태에 대해 많은 예측이 나돌고 있었다. 유전자는 형질에 관한 대량의 정보를 지니고 있다. 따라서 아주 복잡한 고분자 구조를 띠고 있는 것이다. 세포에 포함된 고분자 중에 가장 복잡한 것은 단백질이다. 그러므로 유전자는 특수한 단백질임에 틀림없다. 이것이 당시의 상식이었다.

물론 에이버리도 이 사실을 알고 있었다. 그러나 그의 실험 데이터가 나타내고 있는 사실은 유전자가 단백질이라는 예측과는 다른 것이었다. 에이버리도 S형 균에서 여러 가지 물질을 추출하여 어느 것이 R형 균을 S형 균으로 변화시키는지 면밀히 검토했다. 그 결과, 남은 후보는 S형 균체에 포함되어 있던 산성 물질, 즉 DNA였다.

핵산은 고분자이기는 하지만 단 네 개의 요소만으로 구성되어 있는, 어떤 의미에서는 단순한 물질이다. 그러므로 거기에 복잡한 정보가 담겨 있으리라고는 아무도 생각하지 않았다. 오늘을 살고 있는 우리는, 0과 1이라는 두 숫자만으로도 복잡한 정보를 기술할 수 있고 오히려 그 편이 컴퓨터를 고속으로 움직이기에 좋은 조건임을 알고 있다. 그러나 당시의 생물학자 중에 정보의 코드(암호)화에 대해 이런 생각을 한 이는 없었다. 에이버리도 자신의 실험 결과에 반신반의했다. 몇 번이고 실험을 반복하면서 다양한 각도에서 재검토했지만 결과는 단 한 가지 사실만을 말하고 있었다.

유전자의 본체는 DNA다.

## 제3장

# 네 개의 알파벳

## 겨우 네 글자

DNA는 긴 끈 모양의 물질이다. 그 끈을 자세히 살펴보면 진주를 꿰어놓은 목걸이 모양의 구조를 하고 있다. DNA 안에 생명의 설계도가 새겨져 있다고 한다면 각각의 진주 알은 알파벳, 끈은 문자열에 해당한다. 과학자들은 DNA의 문법을 풀고자 우선 이 알파벳의 실체에 대해 연구했다.

DNA를 강한 산(酸)에 넣고 열을 가하면 목걸이의 연결 고리가 끊어지면서 진주가 뿔뿔이 흩어진다. 그 상태에서 진주의 종류를 조사해보았다. 그러자 놀랍게도 진주의 종류는 겨우 네 가지였다. A, C, G, T라는 네 알파벳. 이것만 가지고는 'this is a pen'조차 쓸 수 없다(여덟 종류의 알파벳이 필요하다). A와 C와 G와 T라는 네 가지 알파벳만으로는 고작해야 AAAGGGAGAGTTTCTA나 GGGTATATTGGAA 같은 신음소리나 이 가는 소리 정도밖에 표현하지 못할 것이다.

아무리 DNA가 거대한 끈이고 거기에 수만 개의 A와 C와 G와 T가 들어 있다 하더라도 그건 아무짝에도 쓸모없는 것이며, 정교한 정보를 담고 있으리라고는 도저히 생각할 수 없었다. 당시 과학자들은 어차피 DNA는 세포 내의 구조를 지지하는 밧줄 정도의 역할밖에 하지 않을 거라 생각했던 것이다. 에이버리도 처음에는 그렇게 생각했다.

세포에서 DNA를 추출하는 일은 간단하다. 세포를 싸고 있는 막을 알칼리 용액으로 녹인 후 위에 뜬 맑은 액체를 중화시켜 염(鹽)과 알코올을 첨가하면 시험관 안에 하얀 실 모양의 물질이 나타난다. 이것이 DNA다. 유리 막대로 이 실을 돌돌 말아 올리면 DNA를 추출한 것이다.

폐렴쌍구균의 한 종류인 S형 균(병원형)에서 DNA를 추출하고 그것을 R형 균(비병원형)과 함께 섞는다. DNA 중 극히 일부가 R형 균의 균체 내부로 혼입된다. 그러자 R형 균이 S형 균으로 변화하더니 폐렴을 유발하였다. 즉 DNA라는 물질은 분명 생명의 형질을 전환하는 기능을 갖고 있는 것이었다. 에이버리는 이 실험을 신중하게 반복하고 많은 연구를 거듭하면서 더욱 정밀화해나갔다.

## 순도의 딜레마

생명과학을 연구하는 데 있어 가장 곤란한 함정은 순도의 딜레마라는 문제일 것이다. 생물 시료는 그 어떤 노력을 기울여 순화한다 할지라도 백 퍼센트 순수해질 수는 없다. 생물 시료에는 어떤 경우든 항상 미량의 혼입 물질이 존재하기 마련이다. 이것을 오염(contamination)이라 한다.

S형 균에서 추출한 DNA는 시험관 안에서 인공적으로 합성된 화합물이 아니다. 수만 가지의 미세한 구성 성분으로 이루어진 살아 있는 세포에서 추출한 것이다. 유리 막대에 들러붙은 하얀 끈 모양의 물질은 분명 DNA다. 그러나 거기에는 순수한 DNA만 있는 게 아니다. DNA에 부착된 갖가지 단백질과 막 성분이 함께 존재하고 있는 것이다.

균의 성질을 변환시키는 형질전환 작용은 DNA 자체가 유발하는 것이 아니라 거기에 혼입되어 있는 미량의 다른 물질, 즉 오염에서 기인하는 것일지도 모른다. 그럴

가능성을 배제하기 위해 과학자들은 온갖 노력을 기울여 오염을 제거하고 DNA를 가능한 한 순화시킨다. 에이버리도 모든 힘을 여기에 쏟아부었다.

에이버리는 자신의 연구 결과를 과시하거나 밖으로 선전하는 일은 절대 하지 않았다. 그저 한 걸음 한 걸음 얻은 데이터를 바탕으로 추론을 기술하여 논문을 썼다. 이는 당시 그가 소속된 록펠러의학연구소가 발간하던 의학 전문지 〈실험의학저널〉에 게재되었다.

에이버리는 겸손했지만 그를 비판하는 사람들은 가차 없었다. 형질전환물질, 즉 유전자의 본체가 DNA임을 시사하는 에이버리의 데이터에 가장 신랄한 공격을 퍼부은 이는 다름 아닌 같은 록펠러의학연구소의 동료, 알프레드 머스키(Alfred Mirsky, 1900~1974)였다. 그는 집요하게 오염 가능성을 지적했다. 형질전환을 유발한 것은 DNA가 아니라 에이버리의 실험 시료에 들어 있던 미량의 단백질이라고 주장했다. DNA 같은 단순한 구성 물질이 유전 정보를 담고 있을 리가 없으며 유전자의 본체는 단백질임에 틀림없다고.

동료 과학자로부터, 그것도 하필이면 같은 연구소에 소속된 사람으로부터 격렬한 반격을 당한 에이버리의 심경이 편했을 리 없다. 이는 그가 학구적 분위기의 연구 생활에서 추구하던 청명함과는 거리가 먼 것이었다. 그래도 갈 길은 하나. 할 수 있는 데까지 DNA를 순화하여 형질전환을 증명하는 것이었다.

시료의 DNA는 다치지 않게 하면서 거기에 혼입된 단백질을 제거하려면 어떻게 해야 할까? 첫째로 단백질 분해효소를 이용하는 방법이 있다. 단백질 분해효소로 시료를 처리하면 효소는 특이하게도 단백질에만 작용하여 그것만 파괴한다. DNA에는 영향을 미치지 않는다. 이렇게 처리한 후에도 아직 시료에 형질전환 작용이 남아 있다면 역시 DNA가 형질전환물질이라 할 수 있을 것이다. 답은 예스였다.

거꾸로 DNA 분해효소로 시료를 처리하면 어떻게 될까? 이 효소는 DNA에만 작용하여 DNA를 가루처럼 분해한다. 하지만 시료 안의 단백질에는 영향을 미치지 않는다. 그러므로 DNA 분해효소로 처리한 시료에서 형질전환 작용이 사라지면 형질전환물질은 역시 DNA라는 얘기가 된다. 실험 결과는 같은 것이었다. DNA 분해효소에 의해 형질전환 작용은 사라졌다.

이처럼 연구에 연구를 거듭했으나 비판자들의 공격은 사그라지지 않았다. 단백질 분해효소 처리로 형질전환 작용이 사라지지 않은 것은 유전자의 기능을 갖고 있는 단백질이 그 효소 작용에 저항성을 보이는 종류이기 때문이라는 반론을 비롯해, DNA 분해효소에 의해 형질 전환 작용이 사라진 것은 그 효소 자체에 단백질 분해 효소가 혼입되어 있기 때문일지도 모른다는 반론도 있었다.

이래서야 논의는 수습되기는커녕 더 혼란스러워질 뿐이었다. 힘들게 DNA 시료를 99.9퍼센트까지 순화했다 하더라도 남은 0.1퍼센트의 오염이 작용의 주범일지도 모르는 것이다. 이론적으로 백 퍼센트 순화가 불가능한 생명과학에서 이러한 반론에 효과적으로 대응할 수 있는 방법은 없다.

오염은 앞서 언급한 노구치 히데요의 병원체 규명 연구에서도 불가피하게 따라다니던 문제였다. 현미경 아래에서 꿈틀대는 미생물을 찾아 그것을 피펫으로 빨아들여 건강한 동물에 주사함으로써 질병을 유발시킨다 하더라도 그 미생물이 곧 병원체라고 결론지을 수는 없는 것이다. 피펫으로 빨아들인 용액 안에 현미경으로 볼 수 있었던 미생물 이외의 미세한 그 무엇, 광학현미경으로는 보이지 않는 바이러스 같은 존재가 미량 혼입되어 있을 가능성을 배제할 수 없기 때문이다.

## '행위'의 상관성

순도의 딜레마, 즉 오염 문제를 효과적으로 해결할 수 있는 방법이 전혀 없는 것은 아니다. 분명히 아무리 샘플을 순화시켜도 완전히 순화되기란 불가능하다. 따라서 다른 관점이 필요하다. 그것은 물질의 '행위'를 조사하는 방법이다.

나는 1970년대가 끝나갈 무렵에 교토대학에 입학했다. 당시의 교토대학의 제도는 상당히 느슨하여 학년 진급에 관해 아무런 제약도 없었다. 학점은 졸업 전까지만 따면 됐고 전공도 입학과 동시에 정해져 있어서 도쿄대학처럼 전문 과정에 진급할 무렵 점수가 문제되는 그런 일은 없었다(그래서 교수님들도 대충 성적을 매길 수밖에 없었을 것이라 생각된다). 결국 자기 마음대로 학창시절을 엉망으로 보내다가 4학년이 되자 허둥대며 학점을 따기 위해 동분서주하는 학생들도 많았다. 그들은 그러면서 "교양이 방해한다"라는 표현을 썼다(교양 과목의 학점이 부족하다는 뜻이다). 그런 연유로 갓 고등학교를 졸업한 1학년들의 어학 수업 시간에 늙수그레한 4학년이 섞여 있는 모습이 심심찮게 목격되곤 했다.

지금 생각해보면 이런 모자이크적 실태야말로 대학

생활의 묘미가 아닐까 싶다. 그런데 그때 내가 배운 말 중에 지금도 기억하고 있는 것이 있는데, 바로 '행위'라는 단어다.

뭐였는지 확실히 기억은 나지 않는데 어떤 무생물이 주어였고 그 'behavior'에 관한 문장이었다. 의미는 알겠는데 아무도 제대로 번역하는 사람이 없었다. 그때 뒤에 앉아 있던 4학년 학생이 "행위라고 하는 경우가 많은데요"라고 말했다. 물질의 행위. 그 후로 나는 이 말을 내 서랍 속에 소중하게 넣어두었다.

순도의 딜레마는 순화 과정과 시료 작용 사이에 같은 '행위'가 이루어지고 있음을 증명하면 풀 수 있다. 예를 들어 DNA 함유량이 70퍼센트 정도밖에 안 되는 시료에서는 형질전환 작용의 효율이 그다지 높지 않다(이 값은 예를 들면 천 개의 세포 가운데 서른 개의 세포에서만 형질전환이 일어난다는 식으로 정량화되어 있다). 그러나 순화를 더 진행하여 DNA 함유량을 99퍼센트까지 높인 시료를 사용하면 형질전환 효율이 그에 따라 증강된다는 것을 보이면 된다는 것이다. 이때는 DNA의 순도와 형질전환 작용이 상관관계에 있다고 할 수 있다.

만약 시료에 혼입된 물질이 형질전환 작용을 유발한다면 DNA의 순도가 상승함에 따라 오염의 정도는 낮아

지므로 형질전환 작용도 약해져야 할 것이다. 만약 그런 결과가 나온다면 DNA와 형질전환 작용 간의 행위에 상관관계는 없는 것이 된다.

## 연구의 질감

유감스럽게도 에이버리 시대에는 이처럼 정밀한, 물질의 행위에 대한 동적인 상관관계를 증명하는 실험은 성공하지 못했다. 형질전환 작용을 증명하는 실험이 어떤 의미에서는 균의 변덕(수많은 R형 균 중에 극히 일부의 균체가 우연히 S형 균에서 비롯된 DNA의 중요 부분을 흡수하고, 그것이 제대로 작용해야 비로소 형질전환이 일어난다. 이 과정을 정량적으로 다루기란 어려운 일이다)에 좌우되기 때문에 그 작용의 강약을 수치로 명확하게 제시할 수는 없었던 것이다. 그래도 에이버리의 논문을 잘 살펴보면 그가 가능한 한 이 실험을 정량화하기 위해 많은 연구를 했음을 알 수 있다.

결국은 에이버리가 옳았고 머스키는 틀렸다. 에이버리를 끝까지 견디게 해준 것은 무엇이었을까? 에이버리가 록펠러의학연구소의 호스피틀동 6층에 있는 연구실에서 폐렴쌍구균의 형질전환 실험에 매진한 것은 1940년대 초반에서 중반, 그가 이미 예순을 넘긴 나이였다. 물론 그는 연구실을 주재하는 교수였고 여러 명의 스태프를 거느리고 있었지만 그는 직접 시험관을 흔들고 유리 피펫을 조작했다. 연구원들은 그런 그를 존경했다고 한다.

아마 시종일관 그에게 힘이 되었던 것은 자신의 손 안에서 흔들리는 시험관 내부에서 진동하던 DNA 용액의 반응이 아니었을까? DNA 시료를 이 정도로 순화시켜 그것을 R형 균에 섞으면 확실히 S형 균이 나타난다는, 그러한 현실감 자체가 그를 지탱해준 것이 아닐까?

달리 표현하자면 연구의 질감이라 해도 좋을 것이다. 이는 직감이나 순간의 번뜩임과는 전혀 다른 차원의 감각이다. 종종 발견이나 발명이 순간적인 번뜩임이나 세렌디피티(serendipity, 우연히 발견하는 능력)에 의한 것인 양 말하는 사람들이 있는데, 나는 그 말에 동의하지 않는다. 오히려 감각은 연구 현장에서는 마이너스로 작용한다. "이건 이런 것임에 틀림없다!"와 같은 직감은 대부분 잠재적인 선입견이나 단순한 도식화의 산물이며, 자연계 본연의 모습과는 거리가 있거나 다른 경우가 많다. 형질전환물질에 대해 말하자면, 이는 단순한 구조에 불과한 DNA일 리가 없으며 분명 복잡한 단백질일 것이라 생각하는 것 자체가 직감의 산물인 것이다.

최대한 오염의 가능성을 줄여가며 DNA만이 유전자의 물질적 본체임을 증명해나갔던 에이버리의 확신은 직감이나 순간의 예지가 아닌, 끝까지 실험대 옆을 지켰던 그의 현실감에서 비롯된 것이다. 나는 그렇게 생각한다. 그런 의미에서 연구란 지극히 개인적인 경영이라고도 할 수 있을 것이다.

## 생명현상 전반을 관통하는 구조

에이버리는 끝까지 신중에 신중을 기하는 논문을 남기며 1948년 록펠러의학연구소를 정년퇴직했다. 평생을 독신으로 지낸 에이버리는 테네시 주 내슈빌에 살고 있던 여동생에게로 가 여생을 보냈다. 정원의 꽃을 매만지고 집 근처를 산책하기도 했다. 그곳에서 에이버리는 높은 하늘을 보며, 혹은 불어오는 바람을 느끼며 그의 손바닥 안에서 흔들리던 DNA의 행방에 대해 생각하곤 했을까?

록펠러대학 사람들에게 에이버리에 대해 물어보면 묘한 열기가 느껴진다. 모두들 그에게 노벨상이 주어지지 않은 것은 과학 역사상 가장 부당한 사건이라고 입을 모으면서 왓슨과 크릭은 에이버리의 무등을 탄 버릇없는 손자에 불과하다며 언짢아한다.

　모두가 에이버리를 자기 편으로 끌어들이면서 자기네만의 영웅으로 삼으려는 이유는 이외에도 있는 것 같다. 조숙한 천재를 칭송하고 한때의 젊은 시절만이 연구의 창조성을 발휘할 수 있는 유일한 기회라고 떠들어대는 과학계에서 때늦은 꽃을 피운 에이버리는 일종의 위안을 주는 '칭송받지 못한 영웅'인 것이다.

　그러나 공평을 기하기 위해 한마디하자면 에이버리가 모든 영예에서 비껴간 것은 아니다. 그의 선구적인 과학적 발견을 기려, 오늘날에는 장래의 노벨상을 점치는 상이라 불리는 라스카상이 수여되었다. 정년퇴임을 앞둔 1947년(제2회)이었다. 외출을 꺼리던 그가 과연 수상식에 참가했는지 어땠는지는 알 수 없지만. 또한 1965년 9월에는 록펠러대학 구내 나무 그늘 아래에 에이버리를 칭송하는 기념비가 세워지기도 했다. 거기에는 이렇게 씌어 있다.


　오즈월드 시어도어 에이버리(1877~1955)
　1913년부터 1948년까지 록펠러연구소 연구원을 지냄.
　감사의 마음을 담아 이 기념비를 바칩니다.

　　　　　　　　　　　　　　　　벗, 동료들로부터

DNA는 그 배열 안에 생명의 형질을 전환할 만큼의 정보가 새겨져 있다. 에이버리가 밝혀낸 틀림없는 사실이다. 그렇다면 겨우 네 개의 문자가 어떤 방법으로 정보를 책임지고 있는 것일까? A, C, G, T로 표현되는 알파벳은 화학 용어로 말하자면 뉴클레오티드라고 불리는 DNA의 구성 단위다. 이러한 구성 단위(알파벳)와 그 연결이라는 원리는 생명현상 전반에 걸친 공통적 구조이기도 하다.

당초에 유전자의 본체로 지목되던 단백질도 그 구조 원리는 DNA와 아주 흡사하다. 단백질은 끈 모양의 고분자이며 그 끈에는 염주 알이 꿰어져 있다. 염주 알은 아미노산이라 불리는 화학물질이다. 단백질 끈을 구성하는 아미노산은 스무 종이나 된다. 즉 아미노산은 알파벳(스물여섯 개 문자)에 필적하는 다채로움으로 단백질의 문자열을 뽑아낼 수 있다. 이것이 단백질을 다양하고 복잡하게 만든다. 단백질은 생명 활동 그 자체를 작동시키고 제어하며 반응하게 하는 실행자다. DNA와 단백질은 다음 표와 같이 병행적 대응 관계에 있다.

◎ DNA와 단백질의 대응 관계

| 고분자 | 구성 단위 | 종류 | 기능 |
|---|---|---|---|
| 핵산(DNA) | 뉴클레오티드 | 4종 | 유전 정보 담당 |
| 단백질 | 아미노산 | 20종 | 생명 활동 담당 |

## DNA는 어떻게 형질을 운반하는가

항생물질이란 세균의 증식을 저지하는 약물이다. 페니실린이나 스트렙토마이신은 상당히 약효가 좋아 전염병으로부터 많은 사람들을 구해냈다. 그런데 이런 약물이 듣지 않는 세균이 출현하기 시작했다. 항생물질 내성균이 그것이다.

오늘날 우리는 이 끊임없는 다람쥐 쳇바퀴 돌기의 비극적인 낭떠러지 위에 서 있다. 최강의 항생물질로 등장한 메티실린이나 반코마이신에도 끄떡없는 내성균 MRSA(Methicillin Resistance Staphyllococcus Aureus, 메티실린 내성 황색포도구균)와 VRE(Vancomycin-resistant Enterococci, 반코마이신 내성 장구균)가 출현하여, 치료 현장인 병원에서 심각한 감염을 일으키고 있다. 인류는 미생물 전쟁의 전선에서 슬금슬금 뒷걸음치며 후퇴하고 있는 것이다.

지금까지는 잘 듣던 항생물질이 약효가 없어졌다는 것은 그 항생물질이 무력화되었다는 얘기다. 내성균은 항생물질을 분해하거나 다른 무해한 물질로 변화시켜 버린다. 즉 새로운 능력(=형질)을 획득한다. 이런 능력은 다른 세균 사이에서도 급속히 확대된다. 이런 현상이 일어나는 것은 세균들끼리 DNA를 주고받기 때문이라고 알려져 있다.

내성균에서 비내성균으로 DNA가 전달되면, 즉 유전자가 수평으로 이동하면 비내성균은 내성균이 된다. 이는 에이버리의 실험, 즉 병원형인 S형 균의 DNA가 비병원형인 R형 균에 주입되면 R형 균이 S형 균의 형질을 획득하여 병원형이 되는 것과 같은 현상이다. 에이버리의 실험은 자연계에서도 일어나고 있는 현상인 것이다.

그렇다면 DNA는 어떻게 형질을 운반하는 것일까? 여기 DNA와 단백질의 관계를 풀 수 있는 열쇠가 있다. DNA가 운반하는 것은 어디까지나 정보이며, 실제로 작용을 일으키는 것은 단백질이다. 항생물질을 분해하는 것은 효소라 불리는 단백질이며, 병원성을 유발하는 독소나 감염에 필요한 분자도 모두 단백질이다. 내성균에서 비내성균으로, 혹은 S형 균에서 R형 균으로 전해진 DNA에는 분해효소나 독소 단백질을 만들어내기 위한 설계도가 새겨져 있다.

에이버리가 죽은 후, 과학자들의 앞을 가로막은 것은 정보의 벽이었다. 고작 네 개의 문자밖에 없는 DNA가 어떻게 10여 종이나 되는 문자로 이루어진 단백질의 설계도를 책임질 수 있는가?

사실 이것은 알고 보면 굉장히 쉬운 수수께끼다. 네 종류의 DNA 문자를 각각 한 개씩 단백질 문자에 대응시키려 하니 어려웠던 것이다. 네 종류 가운데 두 개의 DNA 문자가 한 개의 단백질 문자에 대응하도록 한다면? 두 개의 DNA 문자가 만들어내는 순열 조합은 4×4=16의 경우다. 스무 종을 커버하기에는 약간 부족하다. 그렇다면 세 개의 DNA 문자가 한 개의 단백질 문자에 대응한다면? DNA 문자는 4×4×4=64 경우의 순열 조합이 만들어진다. 이 정도라면 스무 종류의 단백질 문자를 커버하기에 전혀 문제가 없다. 실제로 자연계가 선택한 것도 이 가능성이었다.

'this is a pen'이라는 단백질 문자, 즉 아미노산 배열에 대응하는 DNA 문자는 다음과 같이 만들어지면 된다. t에는 ACA , h에는 CAC, i에는 ATA, s에는 AGC와 같이 세 개의 뉴클레오티드를 대응시키면,

ACA  CAC  ATA  AGC  ATA  AGC  GCG  CCG  GAG  AAC
 t    h    i    s    i    s    a    p    e    n

처럼 아무 의미 없는 신음소리 같은 소리에 'this is a pen'이라는 암호를 새겨 넣을 수 있다. 이렇게 하여 단순하고 무의미한 고분자로만 보였던 DNA는 단백질의 배열 정보를 책임지고, 보존하며, 다른 물질로 옮겨서는 복

제까지 할 수 있는 정보 고분자가 될 수 있었던 것이다.

한편 겨우 네 종류밖에 안 되는 DNA 문자가, 바로 그렇게 단순하다는 이유로 새로운 변화의 가능성까지 쉽게 만들어낼 수 있다는 사실 역시 간과할 수 없는 진실이었다.

가령 pen의 e의 코드에 해당하는 GAG라는 세 개의 DNA 문자가 사사로운 이유로(그것은 담배 연기일 수도 있고 자외선일 수도 있다) GCG로 바뀌었다면? 문자열의 의미는 this is a pan(이것은 프라이팬입니다)으로 바뀐다. 혹은 e가 i로 바뀌었다면? 서재에 있던 펜이 한순간에 요리 도구로도, 가시(pin)로도 변하는 것이다.

그리고 실제로 자연계에서 일어나고 있는 돌연변이, 나아가 진화 그 자체도 DNA 문자에서 일어난 극히 작은 변화가 단백질의 문자를 바꾸고, 경우에 따라서는 그것이 단백질의 작용에 커다란 변화를 초래한 것이다.

DNA가 바로 유전자의 본체임을 명확히 제시한 에이버리의 업적이야말로 생명과학의 세기이기도 한 20세기 최대의 발견이며 분자생물학의 막을 올린 발견임은 의심의 여지가 없다. DNA의 구조 규명, DNA 암호 해독 등 DNA 연구가 빠르게 시작된 것은 에이버리가 연구 현장에서 물러나고 얼마 지나지 않아서부터였다.

과학이 할 수 있는 그 어떤 보상을 해주어도 모자랄 이 획기적인 발견은, 그러나 고고한 선구자들이 늘 그랬듯 약간 성급하게 시대를 앞서 있었다.

# 제4장

# 샤가프의 퍼즐

## 샤가프의 퍼즐

유전 정보를 책임지는 물질은 DNA뿐이다.

진보하는 것 같지만 사실은 같은 동그라미 주위를 돌다가 원래의 장소로 돌아오는 우리들 인식의 여행 속에서, 그 동그라미가 조금이라도 나선을 그리며 한 계단 위로 올라갈 수 있다면 그것은 에이버리의 발견처럼 역사에 한 획을 긋는 획기적인 일일 것이다. 말 그대로 그는 인류 역사상 최초로 이 테라 인코그니타(Terra Incognita, 미지의 대륙)로 이어지는 '나선' 계단의 문을 열었다.

생쥐. 에이버리를 그렇게 부른 사람은 당시 록펠러의학연구소와 같이 맨해튼에 자리하고 있던 컬럼비아대학 생화학연구실 소속 과학자, 어윈 샤가프였다. 연구소의 어두운 복도를 왔다갔다하는 늙은 생쥐와 같은 모습. 그 모습이 사라지고 나서 과학자들은 일제히 DNA를 분석하기 시작했다. 모두가 자신이 코드(암호)를 풀고야 말겠다고 남몰래 다짐하곤 했다. 물론 샤가프도 그런 사람들 중 하나였다. 그렇기 때문에 훗날 꿈이 깨졌을 때도 그는 에이버리를 친애하는 마음을 담아 '생쥐'라고 불렀던 것이다. 사실 샤가프는 당시 누구보다도 성배의 비밀 장소에 바짝 다가가 있었던 사람이다.

당시 그는 자신이 힘들게 찾은 장소에서 다음과 같은 메시지를 해독할 수 있었다.

"동물, 식물, 미생물, 어떤 기원의 DNA라 하더라도 혹은 어떤 DNA의 일부라 하더라도 그 구성을 분석해보면 네 개의 문자 가운데 A와 T, C와 G의 함유량은 같다."

이 기묘한 데이터는 도대체 무엇을 암시하는 것일까?

우리도 샤가프와 같은 분석을 해보자(단 우리는 샤가프가 갖고 싶어도 가질 수 없었던 새의 눈(새의 눈은 인간의 눈보다 시야각이 넓어 종에 따라 거의 360도까지도 볼 수 있다. 이러한 사실을 비유적으로 활용한 표현 ─ 옮긴이)으로 DNA를 부검할 수 있다고 가정하자).

앞서 말했듯이 'this is a pen'이라는 아미노산 배열(열

개의 문자) 정보를 담당하는 DNA는 다음의 30개의 문자다.

ACA CAC ATA AGC ATA AGC GCG CCG GAG AAC
  t     h     i    s    i    s   a    p    e    n

강한 산(酸)을 첨가하여 DNA를 가열하면 문자와 문자를 잇는 결합이 끊어지면서 DNA는 낱개의 문자가 된다. 그다음은 A, T, C, G를 모아 수를 세어보자.

A가 열둘, T가 둘, C가 아홉, G가 일곱.

A와 T의 개수는 크게 다르고, C와 G의 개수도 다르다. 샤가프의 분석 결과와는 조금도 일치하지 않는다. 물론 이는 샤가프가 틀렸기 때문이 아니다. 우리의 사고실험이 잘못된 것이다.

참고로 생명과학에서는 항상 관측 데이터가 이론보다 우선한다고는 하나, 이는 관측이 정확하게 이루어졌을 때의 일이다.

과학자들은 일반적으로 자기의 생각에 집착한다. 가령 자신의 생각과 다른 데이터가 나왔을 때 일단은 관측 방법이 틀렸을 것이라 생각한다. 자신의 생각이 틀렸다고는 생각하지 않는다. 때문에 자신의 생각과 일치하는 데이터를 얻기 위해 관측(혹은 실험)을 반복한다.

그러나 그렇게 집착하던 자신의 생각은 거의가 환상이다. 그러므로 일치하는 데이터를 얻을 수가 없다. 그러면 그들은 대부분 더욱더 집착한다. 틈새로 빠진 구슬을 꺼내기 위해 그 틈새를 벌리면 틈새가 더 많이 벌어지듯 끝없는 실험이 반복된다. 연구에 많은 시간이 소요되는 것은 사실 이 때문이다.

가설과 실험 데이터가 일치하지 않을 때, 가설은 옳은데 실험에 문제가 있었기 때문에 생각했던 데이터를 얻지 못했다고 생각할 수도 있고, 아니면 애초에 자신의 가설이 옳지 않았기 때문에 그에 부합하는 데이터가 나오지 않는다고 생각할 수도 있다. 어떻게 생각하는지에 따라 과학자의 역량이 판가름 난다. 외관상으로는 둘 다 실험이 제대로 안 이루어진다는 점에서 상황이 같기 때문이다. 지적(知的)이기 위한 최소한의 조건은 자기회의(自己懷疑)가 가능한가 아닌가에 달려 있다.

## DNA는 단순한 문자열이 아니다

자, 다시 샤가프의 퍼즐 얘기로 돌아가보자. 샤가프의 경우, DNA의 구조에 대해 미리 명시적인 '가설'을 세워

두지는 않았다. DNA의 구성에 관해 정밀한 실험을 반복한 결과, 'A의 수=T의 수', 'C의 수=G의 수'라는 패턴을 발견했을 뿐이다. 가설은 오히려 여기서 시작되었다. 이 패턴이 시사하는 바는 도대체 무엇일까?

일반적으로 사용 가능한 문자의 수나 종류를 제한하면서 문장을 만들려면 커다란 제약에 부딪힌다. 문자를 이리저리 바꿔 넣어 다른 단어를 만들어내는 애너그램(anagram, 철자 바꾸기)이나 문자의 사용 횟수를 제한하는 이로하 우타(히라가나 마흔일곱 자를 한 번씩만 사용하여 의미 있게 배열한 7·5조의 노래 — 옮긴이), 위부터 읽든 아래부터 읽든 같은 문장이 되는 회문(回文) 등을 생각해보라. A=T, C=G처럼 사용 문자 수를 제한하면 정보의 표현법은 한정된다. 게다가 앞서 봤듯이 아미노산에 대응하는 핵산 염기 서열은, 그것이 단순한 문자열이라면 거기에 출현하는 네 개의 문자 빈도에 A=T, C=G라는 사용 제한을 둘 수는 없다. 결국 이 말밖에는 할 수가 없는 것이다.

**DNA는 단순한 문자열로 존재하는 것이 아니다.**

그렇다면 그것은 어떤 모습의 문자열로 존재할까? 당시에는 아무도 알지 못했다. 일찌감치 문자의 출현 패턴에 주목했던 샤가프 자신도 알지 못했다. 이 퍼즐을 최초로 푼 사람이 왓슨과 크릭이다. 그들이 어떻게 해서 정답에 다다를 수 있었는지 그 비밀에 대해서는 다른 장에서 살펴보기로 하고, 여기서는 우선 그 답을 공개하자.

> **DNA는 단순한 문자열이 아니라**
> **반드시 대칭 구조로 존재한다.**

그리고 이 대칭 구조는 A와 T, C와 G라는 대응 규칙을 따른다. 즉 앞서 말한 서른 개의 DNA 문자는 단순한 한 가닥의 사슬 형태로 존재하는 것이 아니라 다음과 같은 상보적 사슬과 세트로 존재하는 것이다.

센스사슬

A C A C A C A T A A G C A T A A G C G C G C C G G A G A A C
| | | | | | | | | | | | | | | | | | | | | | | | | | | | | |
T G T G T G T A T T C G T A T T C G C G C G G C C T C T T G

안티센스사슬

DNA 사슬은 항상 이렇게 두 가닥의 사슬이 쌍을 이루는 구조를 하고 있다. 그렇기 때문에 샤가프의 법칙이 성립되는 것이다. 이 대칭 구조를 문자 단위로 분해하면 위쪽 사슬은 앞서 제시한 것처럼 A가 열둘, T가 둘, C가 아홉, G가 일곱이고 아래쪽 사슬은 A가 둘, T가 열둘, C가 일곱, G가 아홉이다. 분석 결과는 이를 합한 형태로 나타나기 때문에 A가 열넷, T가 열넷, 그리고 C가 열여섯, G가 열여섯, 정말 A=T, C=G이다. 이로써 샤가프의 법칙은 멋지게 성립되는 것이다.

훗날 왓슨은 "그 정도는 조금만 생각하면 누구라도 알 수 있는 일이다. 왜냐하면 자연계에서 중요한 것들은 모두 쌍으로 되어 있기 때문이다"라고 큰소리쳤다. 바로 눈앞에서 이 대발견을 지나치고 노벨상을 놓친 자존심 강한 남자 샤가프의 속마음은 어땠을까?

## 대칭 구조가 의미하는 것

독자들을 위해 조금 더 부연하자면 A와 T가 서로 쌍을 이루며 존재할 수 있는 것은 A와 T의 구조에 화학적인 요철(凹凸) 관계가 성립하기 때문이다. 그리고 C와 G 사이에도 다른 요철 관계가 성립한다. 이 특이한 성질이 두 가닥의 DNA 사슬을 쌍으로 존재하게 만든다. 그것을 모식화하면 다음과 같다.

한마디 덧붙이자면, 이 두 가닥의 DNA 사슬은 쌍을 이루면서 나선 모양으로 꼬여 있다. 이렇게 말이다.

(일부 생략)

그러나 지금 중요한 것은 나선 구조 그 자체보다 DNA가 쌍으로 존재한다는 사실이다. 이는 생물학적으로 어떤 의미를 가질까? 답은 다름 아닌 "정보의 안정화를 담보한다"이다.

DNA가 상보적으로 대칭 구조를 취하고 있으면, 한쪽 문자열이 정해지면서 다른 쪽도 의무적으로 정해지게 된다. 혹은 두 가닥의 DNA 사슬 가운데 어느 한쪽을 잃어버려도 다른 한쪽을 모체 삼아 쉽게 복구가 가능하다.

DNA는 자외선이나 산화적 스트레스를 받으면 배열이 깨지는 경우가 있다. ATAA라는 부분 배열이 없어졌다 해도 상보적인 다른 한쪽의 사슬에 TATT라는 구조가 보존되어 있다면 자동적으로 구멍을 메울 수 있다. 사실 DNA는 일상적으로 손상되고, 일상적으로 복구되고 있다. 이렇게 정보를 보유하고 유지하기 위해 생명은 일부러 DNA를 쌍으로 갖고 있는 것이다. 그중 한 가닥은 예를 들면 'this is a pen'이라는 정보가 그대로 배열된 사슬, 즉 센스(의미)사슬이다. 그리고 또 다른 한 가닥은 이 센스 사슬의 보디가드(혹은 반사경)사슬, 즉 안티센스사슬이다.

앞에서도 인용했지만 왓슨과 크릭은 샤가프의 법칙을 규명한 기념비적 논문의 마지막 부분에 다음과 같은 한 줄을 덧붙였다.

> "이 대칭 구조가 바로 자기 복제 시스템을 시사한다는 것을 우리가 모르는 게 아니다."

DNA는 서로 상대방을 복제한 듯한 대칭 구조를 갖고 있다. 이 상보성은 부분적인 복구뿐 아니라 DNA가 스스로 전체를 복제하는 역할도 한다. 이중나선이 풀리면 센스사슬과 안티센스사슬로 나뉜다. 각각의 사슬을 거푸집(주형) 삼아 새로운 사슬을 합성한다. 즉 센스사슬은 자신을 모체 삼아 새로운 안티센스사슬을 만들고, 원래의 안티센스사슬이 새로운 센스사슬을 합성하면 이제 두 쌍의 DNA 이중나선이 탄생하는 것이다. 한 가닥의 사슬이 생기면 그 문자 배열을 따라 차례차례 자기와 쌍을 이루는 문자를 선택하면서 다른 쪽의 사슬이 합성되어 그 문자열이 자동으로 결정된다.

이것이 생명의 '자기 복제' 시스템이다. 하나의 세포가 분열하여 생긴 두 개의 딸세포에 이 DNA를 한 쌍씩 분배하면 생명은 자손을 남길 수 있다. 그리고 지구상에 생명체가 출현했다는 38억 년 전부터 줄곧 그래왔다.

여기서 "생명이란 자기를 복제하는 시스템이다"라는 정의가 생겨난다. 이는 분명히 DNA의 아름다운 이중나선 구조가 담보하는 기능이다. 그 구조가 기능을 구현하는 것이다. DNA에 의한 생명의 정의가, 말 그대로 중심원리=센트럴 도그마(central dogma, DNA·RNA·단백질의 기본적인 기능의 상호 관계를 나타내는 원리. 유전 정보가 전달되어 형질이 나타나는 현상은 특수한 단백질의 합성에 있다고 판단한다 ― 옮긴이)가 될 수 있었던 순간이다.

## DNA를 증식시키려면?

실제로 세포 내에서 DNA가 복제될 때는 굉장히 복잡한 반응이 연쇄적으로 일어나고, 이는 수십 종의 효소와 단백질에 의해 가능하다. 생화학 교과서는 보통 DNA의 복제 기구에만 한 장(章)을 할애한다.

DNA의 두 가닥 사슬은 일단 특별한 방법으로 풀지 않으면 안 된다. 나선을 풀 때 비틀림이 생기는 현상도 해결해야 한다. 풀린 지점에는 여러 개의 효소군이 모여들고, 핵산의 재료가 되는 뉴클레오티드를 동원하여 하나의 사슬을 주물 삼아 새로운 사슬을 합성하기 시작한다. 이때 세포의 좁은 핵 내부에는 몇몇 공간적인 문제가 발생한다. 그 문제를 해결하면서 원활한 DNA 복제를 진행하는 시스템이 필요하다.

여기서 이에 대해 상세히 설명하진 않겠지만 인간이 복제 과정을 인공적으로 행하는 건 당연히 쉽지 않다. 그러나 과학자들은 DNA를 생화학적으로 규명하기 위해서는 반드시 연구 대상 DNA를 복제하여 양을 충분히 늘려야 한다. 가끔 텔레비전에서 DNA 감정 결과를 보도하면서 바코드처럼 생긴 영상을 보여주는 것을 본 적이 있을 것이다. 그처럼 DNA를 '보이게' 하려면 바코드 한 개당 무려 10억 개 이상의 복제된 DNA 분자가 필요하다.

DNA를 늘리고 싶을 때는 세포의 힘을 빌리는 수밖에 없었다. 대개 특별한 대장균을 사용하여 그 내부에서 DNA를 증식시키는 것이 일반적인 연구 방법이었다.

샤가프는 DNA의 이중나선 구조의 비밀에 거의 다가갔으면서도 그 비밀을 풀지 못하고 후발 주자로 암벽 등반에 나선 두 젊은이에게 정상 정복의 영예를 내주고 말았다.

1953년에 이루어진 왓슨과 크릭의 발견 이후로 DNA 복제 기구에 대한 연구는 경이로운 발전을 거듭하여, 앞에서도 언급했듯이 이 복잡한 부분들에 잇달아 서광이 비치기 시작했다. 그리하여 중요한 부분은 거의 다 규명되었고 그에 관여하는 분자도 거의 다 추출되었다.

하지만 이렇게 되기까지 큰 기여를 했던 많은 저명한 과학자들이 한 가지 아주 간단한 사실을 깨닫지 못했다. 나중에는 모두들 그렇게 간단한 것을 왜 몰랐을까 한탄했지만, DNA 구조의 비밀이 그러했듯 오랫동안 아무도 그 사실을 깨닫지 못했다.

한 야성적인 인간이 그 하늘의 계시를 깨달은 것은 사실 아주 최근의 일이었다.

## PCR 기계가 일으킨 혁명

1988년의 일이었다. 그해에 나는 미국에서 연구 생활을 시작했다. 봄부터 여름까지 연구소에서든 학회에서든 만나는 과학자들마다 마치 열병에 걸려 헛소리를 하는 것처럼 이 세 글자를 중얼거리며 돌아다녔다. PCR. 'Polymerase chain reaction(중합효소연쇄반응)'의 머리글자였다.

맨해튼 이스트 강변에 위치한 우리 연구실에도 퍼킨-엘머시터스사가 판매하는 최신형 PCR 기계를 들여놓았다. 언뜻 보기에는 아무런 특징도 없는, 전자레인지 정도의 직사각형 장치였다. 그러나 그것은 작은 신단처럼 연구실에서 가장 좋은 위치에 자리를 잡았다.

우리 분자생물학자들은 그때까지 획기적 혹은 혁명적인 신기술이 개발되었다는 뉴스를 수도 없이 들어왔다. 물론 그 방법이 모두 편리하기는 했지만 홍보하는 것처럼 그렇게 효과가 훌륭하지는 않았다. 즉 우리는 그런 수법의 선전 문구에 반은 식상해 있었고 반은 익숙해져 있었다.

나는 시터스사의 PCR 키트 지시서에 써 있는 대로 작은 플라스틱 튜브에 필요한 약품을 조합하고 그것을 PCR 기계에 일렬로 놓고는 스위치를 눌렀다. 장치는 둔탁하게 웅웅거리는 소리를 내며 가동하기 시작했다. 20년 가까이 시간이 흘렀건만 나는 그 암실에서 눈앞에 드러났던 실험 결과를 생생하게 기억할 수 있다. 자외광을 받아 푸른색으로 물든 DNA 밴드가 또렷이 선명해지고 있었다. 우리가 1년 이상이나 공들여 추적하던 유전자가 거기에 있었다. 그것을 PCR은 한순간에 찾아냈던 것이다.

임의의 유전자를 시험관 안에서 자유자재로 복제할

수 있는 기술. 이제 대장균의 힘을 빌리지 않아도 된다. 분자생물학에 진정한 혁명이 일기 시작한 것이다.

## PCR의 원리

PCR의 원리는 아주 간단하다.

우선 복제하고자 하는 DNA를 단시간에 100도까지 가열한다. 그러면 A와 T, C와 G의 결합이 끊어지면서 DNA는 센스사슬과 안티센스사슬로 나뉜다(가열만으로 DNA 사슬이 끊어지는 것은 아니다). 그 후 튜브는 섭씨 50도 정도까지 온도가 급격히 내려간다. 그리고 다시 서서히 72도까지 가열된다.

튜브 안에는 폴리머라제라 불리는 효소와 프라이머 (primer, 짧은 한 가닥의 DNA 사슬) 그리고 A, T, C, G, 네 문자로 된 충분한 양의 뉴클레오티드가 들어 있다. 폴리머라제는 센스사슬의 한쪽 끝에 붙어 프라이머의 도움을 받으면서 센스사슬을 거푸집 삼아 네 개의 문자가 짝을 이루는 DNA 사슬을 실을 잣듯 뽑는다. 그리고 이와 똑같은 작업이 안티센스사슬에서도 일어난다. 즉 안티센스사슬을 거푸집 삼아 폴리머라제에 의해 새로운 DNA 사슬이 합성되어가는 것이다.

합성 반응은 1분 정도면 끝난다. 이 과정을 거치면 DNA는 두 배로 늘어난다. 그리고 이 시점에서 튜브는 다시 100도로 가열된다. 그러면 DNA는 각각 센스사슬과 안티센스사슬로 나뉜다. 온도가 내려가고 폴리머라제에 의한 합성 반응이 일어난다. DNA는 이제 네 배가 된다. 이와 똑같은 사이클이 반복된다. 한 사이클에 걸리는 시간은 단 몇 분. 원래의 DNA는 열 사이클 후에는 2의 열제곱, 즉 1,024배로 늘어나고, 스무 사이클 후에는 100만 배, 서른 사이클 후에는 무려 10억 배를 돌파하게 된다. 그래도 여기까지 두 시간이 채 안 걸린다.

PCR 기계는 사실 온도를 올렸다 내렸다 하는 장치에 불과하다. 그러나 그때 튜브 안에서 DNA가 연쇄적으로 증폭을 반복하는 것이다.

100도로 가열해도 효소가 활성을 잃지 않도록 하기 위해 폴리머라제는 해저화산 근처의 토양에서 채취한 호열세균(好熱細菌)에서 추출한 것을 사용한다. 이는 100도의 열에도 성질이 변하지 않는다. 최적 반응 온도는 72도. 이 효소는 PCR의 보급에 크게 공헌했지만 PCR의 백미는 다른 곳에 있다. 즉 단순히 DNA를 복제하는 것이 아니라 뒤죽박죽 섞여 있는 DNA 안에서 특정한 일부만을 선택하여 증폭시킬 수 있다는 점이다.

## 특정한 문자열을 찾아 증식하다

인간 게놈은 30억 개의 문자로 구성되어 있다. 한 페이지에 천 개의 글자를 인쇄하여 천 페이지짜리 책으로 만든다 해도 3천 권의 초대형 총서가 되는 것이다. 유전자 연구에서는 이 중에서 특정한 문자열을 찾아내야 한다(sorting, 분류). 그러나 찾아낸다고 모든 게 끝나는 것은 아니다. 그 부분을 다량으로 복제해야 하는 과제가 남아 있다. PCR이란 DNA의 이중나선이 센스사슬과 안티센스사슬로 이루어져 있다는 사실을 교묘하게 이용하여 분류와 복제를 동시에 실현하는 기술이다.

그 열쇠는 두 개의 프라이머에 담겨 있다. 프라이머란 아주 짧은, 열 개에서 스무 개의 문자로 이루어진 한 가닥의 DNA사슬이다. 이 정도의 문자열이라면 임의의 배열을 쉽게 인공 합성할 수 있다.

지금 30억 개의 문자로 이루어진 게놈 안 어딘가에 존재하는, 천 개의 문자로 이루어진 특정 유전자를 추출하여 증폭시키려 한다고 가정해보자. 표본이 되는 게놈은 범행 현장에서 발견한, 범인의 것으로 추정되는 머리카락에서 채취한 샘플이며 아주 소량밖에 없다. 실패는 허용되지 않는다. 천 개의 문자 배열에는 그 범인을 찾아낼 수 있는 '지문' 배열이 포함되어 있고, 이를 해독하면 범인을 잡을 수 있는 유력한 실마리가 된다.

우리는 우선 천 개 문자의 DNA 배열의 왼쪽 끝부분에 주목해야 한다. 정확히 말하면 왼쪽 끝부분에서 더 바깥쪽 부분이다. 이곳은 개인차가 없는, 모든 인류 공통의 배열이며, 게놈 프로젝트에 의해 이미 문자열도 해독되어 있다. 프라이머1은 열 개의 문자로 되어 있으며 마침 이 끝부분의 안티센스사슬과 상보적으로 관계가 되도록 합성되어 있다.

100도로 가열되어 센스사슬과 안티센스사슬로 분리된 게놈 DNA 샘플에는 이 프라이머1이 첨가되어 있다. 프라이머1은 게놈에 비해 압도적으로 많은 양이 들어 있다. 온도가 50도까지 내려가면 다량의 프라이머1은 일제히 게놈 숲으로 흩어져 자신에게 맞는 상보적 배열을 찾는다. 만약 짝을 찾으면 프라이머1은 그곳에 정착한다.

긴 한 가닥짜리 DNA 사슬에 짧은 프라이머가 단단히 결합된 자리. 폴리머라제는 바로 그 지점에서 DNA의 합성 반응을 개시한다. 즉 프라이머는 이름대로 폴리머라제 반응을 일으키기(priming) 위한 토대로서의 역할을 하고, 폴리머라제는 프라이머에 새로운 문자를 붙여간다. 문자는 프라이머가 짝을 이루는 안티센스사슬의 문자를 거푸집 삼아 결정된다.

게놈의 숲은 깊고, 분명 유사한 문자열이 곳곳마다 여러 개씩 있을 터이므로 프라이머1은 많은 장소에서 결합할 수 있을 것이다. 불완전하지만 자신의 짝이 아닌 곳과도 결합할지 모른다. 그러므로 폴리머라제에 의한 합성은 여러 곳에서 일어난다. 그러나 중요한 것은 프라이머1은 분명히 안티센스사슬상의 천 개의 문자 부분의 왼쪽 끝에 반드시 결합할 것이라는 사실이다.

사실 우리는 또 다른, 프라이머2라고 불리는 것을 준비해두었다. 이는 천 개의 문자 배열을 끼고 프라이머1이 결합한 부분의 정반대 쪽 끝 배열과 짝을 이루는 열 개의 문자로 구성되어 있다.

여기서 중요한 것은 프라이머2는 아까와는 반대로 배열이 센스사슬과 짝을 이루도록 설계되어 있다는 점이다. 센스사슬의 그 부분에 결합한 프라이머2는 여기서도 폴리머라제가 반응을 일으키도록 유도하여 새로운 DNA 사슬의 합성을 일으킨다. 단 이 프라이머는 센스사슬과 짝을 이루고 있기 때문에 합성의 방향은 안티센스사슬과 짝을 이루는 프라이머1과는 반대 방향이 된다.

즉 프라이머1에서 개시된 합성 반응과 프라이머2에서 개시된 합성 반응은 천 개의 문자 배열을 서로 사이에 두고 마주 보고 있으면서도 각각 별도의 사슬을 합성하도록 되어 있는 것이다. 그 결과 천 개의 문자 배열을 포함한 새로운 두 가닥의 DNA 사슬이 생성된다.

## PCR의 원리

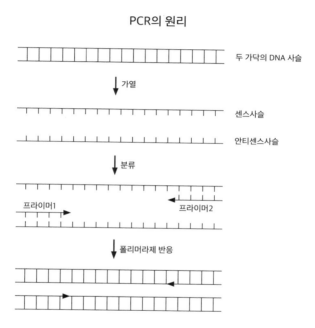

두 가닥의 DNA 사슬

↓ 가열

센스사슬

안티센스사슬

↓ 분류

프라이머1

프라이머2

↓ 폴리머라제 반응

※ 첫 번째 폴리머라제 반응에서는 프라이머1 및 2가 멀리 증폭되지만,
　두 번째 이후 사이클부터는 프라이머1과 2 사이의 DNA 부분만이 증폭된다

그런데 이 사이클은 이론상 무한히 반복될 수 있다. 그때마다 천 개의 문자 배열은 배로 증가한다. 가령 프라이

머1과 2가 게놈의 다른 장소에서 작업을 했다 해도 그것은 별도로 발생하는 작은 소음에 불과하다. 프라이머1과 2가 힘을 합해 작업하는 장소는 천 개의 문자 배열 사이로만 국한되므로 이 장소만이 연쇄적으로 증폭된다.

그 결과 머리카락 한 올로부터의 극소량의 게놈 DNA 샘플에서 시작했지만, 몇 시간 후에는 PCR 기계의 작은 반응 튜브 내부에서 특정한 천 개의 문자 배열이 10억 배이상으로 늘어나게 되는 것이다. 정말 훌륭하다는 말밖에 달리 표현할 길이 없는 아이디어였다.

그러나 '누가' 이 혁명적인 신기술 'PCR'을 발명했느냐에 관해서는 시터스사 연구팀이 개발했다는 정도밖에 알려진 바가 없었다. 그러던 어느 날 서쪽 해안의 바람을 타고 "어떤 별난 천재가 데이트를 하던 중에 우연히 발견했다"라는 소문이 들려왔다. 그는 파도타기를 하는 서퍼라 했다.

# 제5장

# 노벨상을 탄 서퍼

## 죽은새증후군

"과학자들은 좋겠어요. 자기가 하고 싶은 일을 하면서 돈도 벌고요."

이런 말을 들을 때가 있다. 나는 애매한 웃음을 지으며 "예, 뭐 그런 셈이지요"라고 대답한다. 그러나 일이 그렇게 단순하지 않은 건 아마 어떤 세계든 마찬가지일 것이다.

미국에서 연구를 시작했을 때 연구실에서 내 위치는 박사후 과정(Post Doctor)이었다. 박사 연구원이라고 할 수 있는 이 자리는 교육 과정을 끝낸 연구원이 홀로서기를 할 수 있도록 훈련하는 기간이다.

이과계 연구원들은 대학 4년 과정을 마치면 대학원으

로 진학한다. 일본이든 미국이든 석사 2년, 박사 3년, 합계 5년이 표준이다. 이때 하나의 주제를 가지고 연구 프로젝트를 다루면서 여러 편의 연구 논문을 쓰게 된다. 대부분의 경우, 자신이 소속된 연구실의 교수로부터 주제를 받는다. 그리고 박사 학위를 취득한다. 우리에게 박사 학위는 연구원으로서 새 삶을 시작하기 위한 운전면허증에 불과하다.

박사 학위란 발바닥에 붙은 쌀알과 같다.
떼지 않으면 기분이 더럽지만 떼어봤자 먹을 수도 없다.

어떤 선배로부터 들은 실없는 농담이다. 사실, 생각대로 되지 않는 실험으로 낮이고 밤이고 고생하다가 겨우 박사 학위를 받는 것까지는 좋지만, 그 후의 인생이 그리 밝은 것은 아니다. 연구원으로서 취직할 수 있는 곳은 극히 한정되어 있다. 운이 좋다면 대학의 조교 자리를 얻을 수도 있을 것이다. 그러나 '아, 이제 내가 좋아하는 일을 하면서 돈도 벌 수 있겠구나……'라고 생각하면 큰 오산이다. 돈을 받는 건 맞지만 그 외의 것들은 전혀 상상과는 다르다.

조교로 채용된다는 것은 아카데미의 탑을 오르기 위

한 사다리에 발을 얹어놓는 것임과 동시에 계급사회에 진입했음을 의미하기도 한다. 아카데미는 밖에서 보기에는 반짝이는 탑처럼 보일지 모르나 실제로는 어둡고 칙칙한 문어단지 속이다. 강좌제라 불리는 이 구조의 내부에는 전근대적인 계급이 그대로 남아 있으며, 교수 이외의 모든 사람은 하인이나 다름없다. 조교—강사—조교수. 자신의 인격은 팔아버리고, 나를 버리고 교수에게 빌붙어서는 그 사다리에서 혹시 발을 헛디디지는 않을까 노심초사한다. 걸레질, 가방 대신 들어주기, 온갖 잡무와 학대를 끝까지 견뎌낸 자만이 이 문어단지의 가장 안쪽에 마련된 방석 위에 앉을 수 있다. 오래된 대학의 교수실은 어느 곳이나 죽은 새 냄새가 난다.

죽은새증후군이라는 말이 있다. 새는 넓은 하늘을 유유히 날고 있다. 성공하여 이름을 날린 위대한 교수님. 우아한 날개는 기류를 세차게 박차고 더욱 높은 곳을 향한다. 사람들은 그를 존경의 눈으로 바라본다.

죽은새증후군. 옛날부터 우리 연구원들 사이에서 전해지는 일종의 죽음에 이를 수 있는 병의 이름이다.

우리는 빛나는 희망과 넘칠 듯한 자신감을 가지고 출발선에 선다. 보는 것, 듣는 것마다 날카롭게 흥미를 불러일으키고, 하나의 결과는 또 다른 의문을 낳는다. 우리는 세상의 누구보다도 실험 결과를 빨리 알고 싶어 하므로 기꺼이 몇 날 밤을 새기도 한다. 경험을 많이 쌓으면 쌓을수록 업무에 능숙해진다. 무엇을 어떻게 하면 일이 더 잘 진행되는지를 알기 때문에 어디에 주력해야 하는지, 어떻게 우선 순위를 매겨야 하는지 눈에 보인다. 그러면서 점점 더 능률적으로 일할 수 있게 된다. 무슨 일을 하든 실수 없이 해낼 수 있다. 여기까지는 좋다.

그렇지만 가장 노련해진 부분은, 내가 얼마나 일을 정력적으로 해내고 있는지를 세상에 알리는 기술이다. 일은 원숙기를 맞이한다. 모두가 칭찬을 아끼지 않는다. 새는 참으로 우아하게 날개를 펴고 창공을 날고 있는 듯이 보인다. 그러나 그때 새는 이미 죽은 것이다. 이제 그의 정열은 모두 다 타버리고 남아 있는 것은 아무것도 없다.

## '박사후 과정'이라는 이름의 용병

일본 대학의 연구실에 있으면 많은 것들을 알게 된다. 같은 장소에 오래 머무르다 보면 싫증이 나기 마련이다. 연구는 조직 안에서 이루어지는 것처럼 보여도 결국은 아주 개인적으로 운영된다. 그렇기 때문에 무엇에 만족하느냐는 어디까지나 본인에게 달려 있다.

나는 박사 학위를 취득한 후 미국에서 일자리를 찾기로 마음먹었다. 미국의 시스템은 대학을 구속하는 일본의 강좌제와는 상당히 다르다. 교수, 조교수(혹은 준교수), 강사 등의 직급은 있으나 그 사이에 지배─피지배 관계는 존재하지 않는다. 개개인이 독립된 연구원이며 직함은 단순히 연구 경력의 차이 정도에 불과하다. 독립된 연구원이란 스스로 연구 기부금을 벌 수 있는 연구원이란 뜻이다. 연구원의 생명줄은 바로 이 기부금이다. 때문에 그들의 최우선 사항은 정부의 연구 예산 혹은 민간 재단의 기부 등을 확보하는 일이다. 그들은 그것에 광분한다. 연구 기부금이 모든 힘의 원천이며 연구 자금뿐 아니라 자신의 월급도 여기서 충당하기 때문이다.

대학과 연구원의 관계는 단적으로 말해 임대 빌딩과 임차인의 관계다. 대학은 연구원이 벌어들인 기부금 중에 일정액을 가져간다. 그 돈으로 연구 공간과 광열, 통신, 유지 보수, 보안 등의 인프라 서비스 그리고 대학의 브랜드를 제공하는 것이다.

나는 뉴욕에 있다가 나중에 보스턴에 있는 하버드대학 의학부 연구실로 자리를 옮겼는데, 그곳은 이런 시스템이 철저히 적용되는 곳이었다. 연구 공간 할당은 완전히 기부금의 액수에 비례했다. 거액의 기부금을 지원받는 연구원에게는 사치스러울 정도의 면적이, 초보 연구원에게는 창문도 없는 작은 방이 배정되었다. 만일 기부금이 끊기면, 즉 자릿세가 밀리면 가차없이 쫓겨났다. 하버드에 들어가고자 하는 연구원들은 엄청나게 많다. 내가 재직하던 몇 년 동안에도 신진대사는 반복되었다. 며칠 안 보인다 싶으면 그의 연구실은 텅텅 비고 곧 새로운 연구팀이 의기양양하게 입주한다.

우리 박사후 과정은, 어떤 의미에서는 가혹하고 또 어떤 의미에서는 편안한 직업이라 할 수 있다. 그런 신진대사를 가벼운 마음으로 지켜보며 연구에만 매진하면 되니 말이다.

박사후 과정은 독립 연구원이 기부금으로 고용하는 용병이다. 미국의 연구실은 기본적으로 이렇게, 즉 보스와 박사후 과정으로 구성되어 있다. 박사후 과정은 즉각 전투에 투입 가능한 전력으로, 연구라는 전쟁의 최전방에 선다. 보스와의 관계는 그저 기한제 계약에 불과하다.

박사후 과정은 낮은 임금을 받는다. 내가 근무하던 시기에 2만 몇 천 달러 정도였다(물론 연봉제다). 아마 지금도 별반 달라지지 않았을 것이다. 뉴욕이나 보스턴 같은 대도시에서는 우선 집세로만 월급의 절반이 날아간다.

그래도 박사후 과정이 하루하루 보스를 위해 연구에

매진할 수 있는 것은 훗날 자신이 보스가 될 날을 꿈꾸기 때문이다. 박사후 과정을 하는 몇 년 동안 중요한 업적을 이뤄 자신의 역량을 발휘할 수 있다면(성과는 논문의 형태로 나타나며 집필 저자에는 박사후 과정, 최종 책임 저자에는 보스의 이름이 기재된다) 그건 그대로 독립 연구원이 되기 위한 홍보 자료가 된다. 과학 전문지의 마지막 부분에는 항상 엄청난 수의 박사후 과정 구인 광고가 실린다. 그리고 엄청난 수가 응모한다. 즉 여기에 존재하는 것은 적어도 문어단지가 아닌, 유동성 있는 어떤 것 혹은 바람인 것이다.

## 실험실 테크니션, 스티브

나도 몇 통인가 편지를 보내 박사후 과정에 지원했다. 나는 단순히 습기가 많은 교토 분지의 공기에서 벗어나 뉴욕 거리에 부는 건조한 바람을 느껴보고 싶었던 것 같다. 운 좋게 록펠러대학의 연구실에 채용된 나에게 이런 저런 시설을 소개해주고 실험 방법을 가르쳐준 이는 실험실 테크니션인 스티브 라포지였다. 이제 막 박사 학위를 취득한, 실전 투입이 가능한 용병이라고는 하나 갑자기 새로운 연구 환경에 던져지면 우왕좌왕하기 마련이다. 스티브는 나이로는 나보다 약간 위였고 덩치는 큰 편이었으며 검은 테의 안경을 쓴 단정하고 조용한—슈퍼맨, 클라크 켄트 같은—남자였다.

실험실 테크니션이란 연구 사회의 신분제도로 말하자면 완전한 방계(傍系)에 해당한다. 박사후 과정처럼 미래의 어느 날을 꿈꾸는 일도, 연구 실적을 쌓고자 노력하는 일도 없다. 그저 연구실에서 필요한 일상적인 작업을 담당할 뿐이다. 실험실 테크니션은 아무리 시간이 흘러도 계속 실험실 테크니션이다.

스티브는 정말 많은 것들에 정통했고, 정말 친절하게 모든 것을 하나하나 가르쳐주었다. 그리고 그 정통함의 정도는 학교에서 오랫동안 근무한 급사 아저씨가 학교의 이런저런 일에 능통한 것과는 달리, 연구에 대해 프로였다는 얘기다. 반응 중 이 단계에는 이런 의미가 있고, 그래서 이 회사의 이 얇은 시험관을 사용하는 게 좋다, DNA에 염과 알코올을 첨가하면 침전하는데, 이는 우선 염이 DNA의 산성전자를 중화시키고 그다음에 알코올에 의해 소수(疏水)적인 환경이 만들어지기 때문이다, 하지만 그 기여율의 정도를 알고 있느냐, 이 책의 이 페이지에 일람표가 잘 나와 있다……. 나는 감탄을 금치 못했다.

그러나 스티브가 테크니션 일을 하는 것은 어쩔 수 없

어서가 아니라 본인이 원했기 때문이었다. 만약 그가 일반 과학자의 길을 가려고 마음만 먹었다면 얼마든 가능했을 것이다. 동부의 유명 대학을 졸업했고 제약회사의 연구소에서 근무하다가 록펠러대학의 이 자리에 지원하여 채용된 것이다. 그 후 계속 그 일을 해오고 있었다.

연구실 보스는 스티브의 업무 태도에 늘 경의를 표했고 그가 관여한 프로젝트의 논문에는 항상 스티브 라포지라는 이름을 공동 저자에 올려주었다. 어느 날 보스가 내게 이런 말을 한 적이 있다.

"스티브는 정말 우수해. 지금 하는 연구를 계속 진행한다면 박사도 딸 수 있고 아마 그 후도 보장될걸세. 그래서 항상 그렇게 해보라고 권하는데, 그는 늘 괜찮다고 대답하네."

스티브와 나는 신기할 정도로 마음이 잘 맞았다. 분명 다른 사람과는 일정한 거리를 두는 그의 스타일과 언어의 장벽 때문에 스스로 말수를 줄일 수밖에 없었던 나의 상황이 맞아떨어졌으리라.

그는 언제나 점심시간이 지나 슬그머니 연구실에 나타나곤 했는데, 손에는 근처 매점에서 산 콜라와 파스트라미샌드위치가 들려 있었다. 점심 식사 후 우리는 느긋하게 실험을 시작했다.

스티브는 내게 요점과 요령을 일러주고 난 후 어느새 사라지고 없었다. 그가 떠난 후 나는 혼자서 실험을 계속했다. 박사후 과정은(특히 영어로 이런저런 변명을 할 수 없는 상태에서는) 몸으로 뭔가를 보여주는 수밖에 없었다. 완전히 올빼미형 스타일로 일하는 나를 보고 실험실 동료들은 "신이치는 일본 시간에 맞춰 일한다"라며 놀리곤 했다. 하지만 나는 일본에 있을 때도 올빼미족이었다.

어느 날, 약속 시간이 지났는데도 스티브는 나타나지 않았다. 그날은 그가 배양 샬레에 박테리오파지 바이러스를 뿌릴 때 생기는 '흡수' 현상을 보여주겠다고 했기 때문에 나는 계속 그를 기다렸다. 그런데 아무리 기다려도 그는 오지 않았다. 결국 그를 찾아 나섰는데 누군가가 "스티브? 지금 휴게실에 있는 것 같은데?"라고 말했다.

록펠러대학 1층에는 바를 갖춘 살롱 같은 홀이 있었는데, 매주 금요일 저녁에는 음료수가 무료로 제공되고 대학 멤버들이 삼삼오오 모여 대화를 나누었다. 물론 오늘은 금요일이 아니다. 이상하게 생각하면서 정원 쪽에서 다가가 안을 들여다보니 정말 스티브가 거기에 있었다. 그는 피아노 연주에 빠져 있었다. 피아노 소리는 거의 들리지 않았다. 나는 잠자코 그 자리를 떴다.

클라크 켄트 안의 또 다른 얼굴이었다. 아니, 오히려

그것이 그의 진짜 얼굴이었는지도 모른다. 그는 정해진 오후 시간에 록펠러대학에서 일을 마친 후 다운타운으로 갔다.

"스티브는 스카(ska)야. 어떤 그룹인지 알아? 토스터즈라는 밴드라고."

나는 그때까지 스카 비트에 대해서도, 그리니치빌리지에 대해서도, 토스터즈가 얼마나 유명한 밴드인지도 전혀 모르고 있었다.

우리는 그 후에도 록펠러대학의 이스트 강이 내려다보이는 낡은 연구실 한구석에서 묵묵히 실험을 계속했다. 스티브는 가끔 "어제는 새벽까지 일을 했더니 졸립군"이라든가 "건물 뒤에서 불량배들을 만났어"라는 말을 하곤 했으나 나는 굳이 그에게 그의 음악에 대해 물으려하지 않았다. 무엇을 물어야 할지 몰랐고, 그게 어떤 형태이든 연구란 것이 지극히 개인적인 경영이라는 것을 서로가 존중해줬기 때문이라 생각된다.

훗날, 연구실 보스가 뉴욕의 록펠러대학에서 보스턴의 하버드대학 의학부로 옮기게 되었는데, 우리 박사후 과정들도 연구실 비품이나 샘플과 거의 같은 취급으로 한꺼번에 보스턴으로 옮겨 갔다. 고용된 상태인 이상 우리에게 선택의 여지는 없었다. 보스는 스티브에게 함께 가자고 제의했지만 그는 뉴욕을 떠나는 것은 생각도 할 수 없다고 대답했다. 그는 쉽사리 록펠러대학의 다른 실험실 테크니션 자리를 얻을 수 있었다. 그 정도의 기량이라면 어디서든 대환영일 것이다. 물론 그는 근무 시간에 대해 자신의 조건을 제시했을 것이다.

몇 년 전이던가, 내가 재직하던 시절부터 따지자면 이미 10년 이상이 흐른 뒤였는데, 록펠러대학을 방문할 일이 있었다. 그리고 무슨 일이었는지 안내 데스크에서 전화번호부 책을 뒤적이고 있는데 거기서 스티브의 이름을 발견했다. 나는 그리운 마음에 그가 소속된 실험실을 찾아가 보았다. 예상대로 그는 없었다. 아직 오전이었던 것이다.

## 멀리스의 전설

자유로워지기 위한 방법으로는 또 다른 것도 있다. 실험실 테크니션이 아니라 박사후 과정을 전전하는 것이다. 다행히도 미국의 박사후 과정 시장은 큰 편이며 항상 유동적이다. 까다롭지만 않다면 박사후 과정에서 또 다른 박사후 과정으로 옮겨 다니는 것은 말 그대로 '자기가 좋아하는 일을 하면서 돈을 벌기 위한' 아주 멋진 방법이라 할 수 있다. 기부금을 확보하기 위해 신경 쓸 일도 없고 연구실 내부의 마찰에 휘말리지 않아도 된다. 연구 테마에 관해서만은 보스의 의향에 따라야 하지만 경험이 풍부한 박사후 과정은 자신만의 방법이 있다. 테마 안에서 자신을 위한 테마를 만들어내기란 아주 쉬운 일이다.

그렇다고는 하지만 보스가 되는 것, 즉 나만의 연구실을 운영한다는 것이 사실은 끝없이 단절된 시간과 소모의 반복이며 죽은 새를 향한 위험한 접근에 불과하다는 것을 깨닫는 일, 또 커다란 환상임을 깨닫고 일종의 체념과 맞바꾸는 일은 너무나 힘든 결단이다. 때문에 그런 것들을 이해한다는 건 순수하게 개인적인 일이다.

캐리 B. 멀리스(Kary B. Mullis)는 처음부터 연구원들을 속박하는 이런 환상으로부터 자유로울 수 있었던, 말 그대로 '자유인'이었다. 그는 박사후 과정을 이어가면서 동시에 어떤 때는 패스트푸드점의 점원도 되었고 소설가가 되기도 했다. 나는 캘리포니아에 있는 그의 집에서 여러 번 함께 이야기를 나누었고 훗날 그의 자서전인《멀리스 박사의 기상천외한 인생(원제: Dancing Naked in the Mind Field)》을 번역하는 행운도 얻었다.

그와의 인터뷰 도중, "사람들이 당신을 기괴, 기행, 불손 같은 말로 표현하는데, 알고 계시지요? 자기 자신을 가장 잘 나타낼 수 있는 말로는 어떤 게 있을까요?"라고 묻자 그는 이렇게 대답했다.

"그건 정직이지요. 나는 정직한 과학자입니다."

PCR을 발명한 사람으로 멀리스의 이름이 거론되었을 때, 그를 둘러싼 수많은 소문이 돌았다.

멀리스는 파도타기를 하는 서퍼다, 그는 LSD(lysergic acid diethylamide, 맥각(麥角)의 알칼로이드로 만든 강력한 환각제. 향정신성 의약품으로 지정되어 법률로 사용을 규제한다 ― 옮긴이)를 한다, 그는 여러 직장에서 여성과 스캔들을 일으켜 그만두곤 했다, 그는 강연회에서 제멋대로 발언을 하다가 퇴장당하기도 했다, 그는 PCR의 이권에서 제외되었다는 이유로 지금도 시터스사를 원망한다, 그는 결혼과 이혼을 반복하고 있다, 그는 에이즈의 원인이 에이즈바이러스가 아니라고 주장한다…….

이런 소문들은 그의 입에서 나온 말이 씨가 되었고 대부분은 사실이었다. 즉 그는 조금도 거리낌 없이 자신에 대해 이야기한다.

그런 멀리스에 관한 최고의 '전설'은 드라이브 데이트를 하던 중 PCR을 생각해냈다는 것이다. 과학계 최고의 홈런왕인 멀리스에게 노벨상을 쥐여준 아이디어가 떠오른 순간이었다. 그는 그 순간을 생생하게 기억하고 있었다.

그는 생명의 본질이 자기 복제 능력에 있다는 것을 알았다. DNA가 상보적인 두 가닥의 사슬로 이루어져 있다는 것, 그것이 서로 상대방을 거푸집 삼아 복제된다는 것을 알았다. 프라이머라 불리는 짧은 DNA가 복제를 개시한다는 것, 그리고 프라이머는 손쉽게 인공 합성할 수 있다는 사실을 알았다. 그러나 이 모든 것들은 당시의 과학자라면 누구나 알고 있던 것들이다. 그러나 바로 그 앞의 안타레스(전갈자리에서 가장 밝은 별—옮긴이)의 잔상을 본 이는 멀리스뿐이었다.

1983년 5월, 칠엽수의 향기가 주위를 농밀하게 물들이던 밤, 멀리스는 연인 제니퍼를 조수석에 태운 채 캘리포니아의 숲속을 경쾌하게 달리고 있었다.

분홍과 흰색 꽃잎은 자동차의 헤드라이트 빛을 받으니 차갑게 느껴졌다. 바깥 공기에서는 그 꽃잎에서 배어 나온 습기를 품은 기름 냄새가 났다. 그날 밤은 정말, 칠엽수가 어울리는 밤이었다. 하지만 그 이상의 일이 일어난 밤이기도 했다.

나의 은색 혼다 시빅은 산을 향해 힘차게 달리고 있었다. 핸들을 잡은 손은 노면의 질감과 커브의 감각을 즐기고 있었다. 나는 연구실의 일을 생각했다. DNA 사슬이 뒤틀

리거나 둥둥 떠 있는 모습이 떠올랐다. 선명한 파란색과 분홍색으로 물들여진 분자의 전자적인 이미지가 나의 눈과 산으로 이어지는 노면 사이에서 부유했다.

헤드라이트는 나무들을 비추고 있었지만 내 눈은 DNA가 풀리는 광경을 보고 있었다. 나는 이렇게 몽상에 시간을 맡기기를 좋아한다.

(중략)

밤하늘에 반짝이던 안타레스는 몇 시간 전에 산맥 저 너머로 자취를 감췄다. 오늘 밤, 나는 마음속으로 저 안타레스처럼 유독 빛나는 불빛을 보고 있다.(《멀리스 박사의 기상천외한 인생》, 하야카와문고, 2004)


멀리스는 앞 유리창을 보면서 어떻게 하면 30억 개나 되는 문자를 거느린 게놈 DNA 배열 중에 특정한 배열을 검색할 수 있을까에 대해 생각했던 것이다. 특정한 배열의 짧은 DNA(올리고뉴클레오티드, 프라이머라고도 불림)를 합성하고 그것을 게놈과 섞어 프라이머가 결합한 장소에서 상보적인 DNA를 합성한다. 그는 처음에는 이 반응을 '반복'하면 복제된 상보적 DNA가 많이 만들어질 것이라 생각했다.

그러나 프라이머가 결합할 수 있는 장소는 정도의 차

에 따라 여러 개가 된다. 적어도 천 곳은 될 것이다. 불완전한 결합 장소에서는 목적하지 않은 DNA가 복제된다. 즉 이 방법으로는 시그널 대 노이즈의 비율이 너무 높아진다. 어떻게든 정밀도를 높일 수 없을까.

그런데 너무나 한순간에 그 방법이 떠올랐다. 30억 개의 뉴클레오티드 가운데 한 개의 올리고뉴클레오티드에 결합하는 장소, 천 곳을 알아냈다고 하자. 그렇다면 거기에 또 하나의 올리고뉴클레오티드를 사용하여 다시 한 번 걸러내는 것이다. 첫 번째 올리고뉴클레오티드가 결합한 장소의 하류에 두 번째 올리고뉴클레오티드가 결합할 수 있도록 설계하면 된다. 첫 번째 올리고뉴클레오티드가 우선 천 곳의 후보지를 선택한다. 두 번째 올리고뉴클레오티드가 그중에 단 하나의 정답을 골라낸다. 그리고 DNA가 자신을 복제하는 능력을 이용하면 되는 것이다.

(중략)

"야호!"

나는 환호하며 가속 페달에서 발을 뗐다. 차는 하행 커브의 갓길에서 멈췄다. 길 옆 언덕에 늘어져 있는 커다란 칠엽수 가지가 제니퍼가 앉아 있던 옆자리 조수석 창을 간질이고 있었다. (중략) 그녀는 졸면서 조금씩 몸을 뒤척였다. (중략) 제니퍼가 빨리 가자고 했다. 내가 말했다. 굉장한 걸 발견했어. 그녀는 하품을 하더니 창에 머리를 기대고는 다시 잠들었다.

우리는 128번 도로 75킬로미터 지점에 서 있었다. 동시에, 앞으로 다가올 PCR 시대의 바로 앞에 서 있었다.(출처 앞의 책과 같음.)

## 제6장

# DNA의 그늘

## 동업자가 하는 논문 심사

어떤 것이 대발견이고 보통의 발견이며 작은 발견인가, 또는 무의미한 것인가는 도대체 어떻게 정해지는 것일까?

'그것은 역사가 정하는 것이다'라고 이해하고 넘어갈 수도 있을 것이다. 그러나 지금 무명의 신참 연구원이 제출한 난해한 수식으로 가득한 논문의 가치를 그 자리에서 판정해서 다음 호 〈네이처〉에 게재할지의 여부를 정해야 한다면? 판단을 망설인 끝에 만약 그 논문을 게재할 수 없다고 통보한다면 이번에는 그가 라이벌인 〈사이언스〉에 문의할지도 모른다. 그리고 〈사이언스〉가 그 논문을 실었는데 그 후에 그것이 진정한 대발견이라고 밝혀지면 〈사이언스〉는 선견지명이 있다며 그 가치를 세계적으로 인정받게 될 것이다. 그리고 그때 엄연한 대학자가 되어 있을 그 신참은 만나는 사람마다 이렇게 말할 것이다. "애초에 나의 대발견을 그 유명한 〈네이처〉는 인정해주지 않았다"라고.

페르마의 마지막 정리를 증명한 앤드루 와일즈(Andrew Wiles)의 업적은 대중매체가 보도함으로써 처음으로 일반 대중에게 대발견으로 인지되었다. 이는 어디까지나 2차 정보에 의한 2차적인 가치 판단에 불과하다. 와일즈의 발표를 듣고 당시 그 의미를 이해하지 못한 사람은 거의 없었으며 현재도 거의 없다.

이런 사태는 지금은 세분화된 전문 영역에서 발생할 가능성이 높다. 문제는 자존심이 강한 본인을 제외하고는 극히 소수의 동업자만이 어떤 연구 성과의 가치를 판정할 수 있다는 점이다.

그래서 〈네이처〉나 〈사이언스〉 등 저명한 과학 잡지뿐 아니라 논문 발표의 장이 되고 있는 대부분의 전문지는 피어 리뷰(peer review, 동료 검토)라는 방식으로 게재 논문 채택을 결정한다. 피어는 동업자라는 뜻이며, 누군가가 특정 전문 분야의 논문을 투고하면 전문지 편집 위원회는 그 분야의 전문가인 피어에게 논문 심사를 의뢰한다는 것이다. 피어는 논문의 가치, 즉 신규성, 실험 방법, 추론의 타당성 등에 대해 판정하고 편집 위원회에 채점 결과를 알린다. 위원회는 그 판정에 근거하여 논문을 게재할 것인가 말 것인가를 결정한다. 사전 청탁이나 사적인 감정의 영향이 없도록 누가 피어가 될지는 편집 위원회의 기밀 사항에 부치고 논문 저자에게도 알리지 않는다.

자신의 논문이 희망하는 전문지에 실리느냐 아니냐는 연구원에게 사활이 걸린 문제다. 먼저 발견했다는 우선권은 물론 승진이나 기부금 조달 등 모든 것이 발표 논문, 즉 피어 리뷰라는 공정한 절차를 밟아 전문지에 게재된 논문의 질과 양으로(대부분 양으로) 결정되기 때문이다.

그러므로 연구원의 '업적'이라고 하면 그것은 일반적으로 간행된 논문의 편수를 말한다. 발명, 발견의 권리에 대해 말하자면, "나도 같은 생각을 했다", "그건 원래 내아이디어다"라고 아무리 주장해도 소용없는 일이다. 연구 실적의 선취권은 가장 먼저 논문을 발표한 사람에게 주어진다. 때로는 그것이 정말 몇 주 혹은 며칠 차이밖에 안 나는 경우도 있다.

피어 리뷰를 익명으로 하는 것은 지나치게 세분화된 전문 연구원의 업무를 상호 간에 가능한 한 공정하게 판정할 수 있는 유일한 방법이기 때문이다. 그러나 동업자가 동업자를 판단한다는 것은 바로 그 사실 때문에 또 다른 불가피한 문제를 안고 있다. 항상 '최초의 발표자는 누구인가?'가 중요시되는 연구 현장에서, 즉 두 번째에게는 설 곳도, 아무런 영예도 주어지지 않는 상황에서 좁은 전문 영역 내의 동업자는 항상 경쟁 상대이기도 하다는 점이다.

## 막을 길 없는 유혹

당신이 피어 리뷰어로 선정되어(이는 전문지 편집 위원회에서 당신을 그 분야의 일인자로 인정한다는 뜻이므로 당신은 기꺼이 이에 응할 것이다) 어느 논문 심사를 맡게 되었다고 하자.

도착한 논문을 보고 당신은 경악을 금치 못한다. 연구 분야가 같고, 항상 제일 많이 의식하며 경계하던 F교수 그룹의 논문이었던 것이다. 그것은 당신이 지금 비밀리에 진행하고 있는 연구를 한발 앞서 정리한 것으로, 결과 역시 훌륭하다고밖에는 표현할 길이 없을 정도로 완성도가 높다. 그걸 어떻게 알 수 있느냐 하면 당신이 예상했던 결론과 조금의 오차도 없이 같기 때문이다. 그러나 거기에는 당신의 연구팀은 아직 발견해내지 못한 중요한 데이터까지 기록되어 있는 게 아닌가.

이런 상황에 놓인다면 아마 천사라도 마음이 흔들릴 것이다. 당신은 F교수 논문의 세부 사항에 대해 이런저런 트집을 잡아, 편집자에게 논문이 채택되기 위해서는 도표를 바꾸고 추가 실험을 해야 한다고 지적한 답변을 보내 가능한 한 시간을 끌려고 한다. 한편으로는 자신의 부하들에게 필요한 데이터를 구하도록 하고 긴급 명령을 내려 연구가 빨리 완성되도록 서두른다. 그것을 다른 전문지에 제출하면 잘하면 그 F교수를 따돌릴 수 있을지도 모른다. 최소한 '거의 동시에 독립적으로' 같은 결론에 도달한 것처럼 꾸밀 수 있을 지도 모른다.

이런 행위는 물론 분명한 규칙 위반이며 데이터 표절에 해당한다. 피어 리뷰가 동업자에 의한 동업자 심사 시스템인 이상 백 퍼센트 중립일 수 없고 리뷰 중에 알게 된 정보의 영향도 완전히 배제할 수 없다. 그리고 드러났든 드러나지 않았든 과거에 다양한 형태로 피어 리뷰에 얽힌 불공정 행위가 횡행했던 것도 사실이다.

이를 가능한 한 방지하기 위해서 피어 리뷰어를 여러 명 선정하거나(이렇게 함으로써 논문 집필자와 이해관계자가 직접 대립해도 그 대립을 희석할 수 있다. 대부분의 경우, 논문 한 편에 세 명의 피어 리뷰어가 선정되기 때문에 편집 위원회는 의견 분포도를 파악할 수 있다) 논문 집필자가 "직접적인 경쟁 상대인 아무

개는 피어 리뷰어로 지명하지 말아달라"라고 요청할 수 있는(편집 위원회가 이 요청을 받아들일지 여부는 차치하고) 조치 등이 마련되어 있다. 물론 이것만으로 충분치는 않다. 편집 위원회 자체가 동업자들이 서로 투표하여 구성된 경우가 많기 때문에 그중에 이해관계가 얽힌 사람이 있다면 많은 걸림돌이 생길 여지가 있기 때문이다.

피어 리뷰어에게 논문 집필자가 누구인지 가르쳐주지 않으면 조금은 더 공정성을 확보할 수 있지 않을까 생각하는 이들도 있을 것이다. 예를 들어 대학 입시에서 채점관이 학생의 이름을 알 수 없도록 하는 것처럼 말이다. 그런데 논문만큼 연구원의 개성이 고스란히 묻어나는 것도 없다. 아무리 저자 이름을 검게 칠해놓아도 용어 사용법이나 주장, 인용 문헌 리스트 등을 보면 누가 썼는지 금방 알 수 있다. 연구원들만큼 세상 보는 눈이 좁은 존재들도 없으니 말이다.

## 20세기 최대의 발견, 그에 대한 의혹

여기에 상당히 미묘한 문제를 내포한 한 예가 있다. 그것은 20세기 최대의 발견에 대한 의혹이다. 바로 왓슨과 크릭이 발견한 이중나선 구조다.

나는 앞서 생명에 대한 정의를 내리면서 '자기 복제가 가능한'이라는 테제(These)를 내세웠다. 그 기반이 되는 것은 서로 상대방을 상보적으로 복사한 모습을 한 DNA의 이중나선 구조다. DNA가 세포에서 세포로 혹은 부모에서 자식으로 유전 정보를 옮기는 물질적 본체라는 것을 밝힌 것은 오즈월드 에이버리였다. 그리고 DNA를 구성하는 요소인 네 종류의 뉴클레오티드가 어떻게 구성되어 있는지 살펴보면 항상 A(아데닌)와 T(티민)의 함량이 같고, G(구아닌)와 C(시토신)의 함량이 같다(샤가프의 법칙). 그러나 이 사실이 무엇을 시사하는지는 아무도 눈치채지 못했다.

제임스 왓슨과 프랜시스 크릭은 이 낱낱이 흩어져 있던 퍼즐 조각을 훌륭하게 끼워 맞춰 DNA의 구조를 밝혀냈다. 그것은 겨우 천 단어 정도로 이루어진 짧은 논문의 형태로 1953년 4월 25일자 〈네이처〉에 게재되었다.

그 논문에는 당과 인산으로 이루어진 두 가닥의 사슬이 나선 모양으로 얽혀 있고 그 내부에 A와 T, G와 C가 규칙적으로 짝을 이루고 있는 그림이 실렸다. 샤가프의 법칙이 어째서 성립 가능한지를 여실히 보여줌과 동시에 서로 '상보적' 관계에 있는 두 가닥의 나선은 자기 복제의 메커니즘도 암시하고 있었다. 모두가 그 사실에 넋

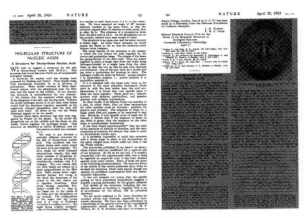

1953년 4월 25일자 〈네이처〉에 게재된 왓슨과 크릭의 논문

을 잃었다. 하지만 그 그림 안에 DNA의 이중나선 구조를 푸는 열쇠가 되었던 중요한 지견(知見)이 극히 평범한 모습으로 덧붙여져 있었던 것을 눈치챈 사람은 그리 많지 않았다.

나선 모양으로 얽힌 두 가닥의 사슬 옆에 작은 화살표가 있었다. 그 화살표는 서로 반대 방향을 향하고 있었다. 그렇다. DNA의 사슬에는 화학적인 방향성이 있으며 머리와 꼬리가 존재하는 것이다. 이중나선을 구성하는 두 개의 사슬은 같은 방향을 바라보고 있지 않았다. 서로 다른 방향을 향한 상태에서 얽혀 있었다. 69(식스나인). 때문에 이 내부에 마치 나선 계단의 층계처럼 약간씩 비틀려 있기는 하지만 뉴클레오티드가 등간격, 등거리로 짝을 이룰 수 있는 것이다.

좀 더 자세히 말하자면, 화학적 반응성이 서로 역주행하기 때문에 짧은 프라이머 사이에 긴 DNA 조각은 복제를 할 때마다 두 배, 네 배 증폭 가능한 것이다. 멀리스의 발견 역시 이에 기초하고 있다.

그럼 왓슨과 크릭으로 하여금 DNA 나선의 역평행 구조에 주목하게 한 것은 무엇이었을까? 그들은 어떤 중요한 실마리를 은밀하게 '응시(peer)'하고 있었던 것이다.

## 로절린드 프랭클린의 X선 해독

나는 지금 한 장의 사진을 들고 있다. 로절린드 프랭클린(Rosalind Franklin, 1920~1958)을 찍은 사진이다. 그녀는 수수한 블라우스 차림에 겸손한 표정을 짓고 있다. 흑백사진이라 머리카락 색깔은 정확히 알 길이 없지만 아마도 검은색에 가까운 갈색인지 빛을 받아 아름답게 빛나고 있다. 시선은 어딘가 먼 곳을 응시하고 있다. 애매하고 미묘하게도 보이는 그 표정에는 그러나 깊은 근심이 서려 있다.

프랭클린은 1920년에 영국의 부유한 유대인 가정에서

태어났다. 엄격한 부모님은 그녀를 아홉 살부터 기숙사가 있는 학교로 보냈고 그들이 해줄 수 있는 최상의 교육을 받게 했다. 총명한 그녀는 일찌감치 이과, 수학 계통에 흥미를 느꼈고 케임브리지대학에 진학했다.

당시 케임브리지는 여성의 입학과 유대인의 입학을 허용한 지 얼마 되지 않은 상태였고 여러 가지 인습이 남학생과 여학생 사이에 차이를 두고 있었다. 프랭클린은 그런 것들에 휘말리지 않고 자신의 학업에 열중했다. 성적은 항상 상위권이었다. 그녀는 후에 대학원에 진학했고 물리화학으로 케임브리지에서 박사 학위를 취득했다.

그녀의 전문 분야는 X선 결정학. 미지 물질의 결정에 X선을 쏜다. 그러면 파장이 짧은 X선은 물질의 분자 구조에 따라 산란한다. 그 산란 패턴을 감광지에 기록한다. 언뜻 보면 플라네타륨(천상의) 천장에 별을 흩뿌려 놓은 듯한 영상이 된다. 이를 특별한 수학으로 해석하면 산란을 일으킨 물질의 분자 구조에 대한 실마리를 찾을 수 있다. 프랭클린이 케임브리지에서 보낸 20세기 초반은 X선 결정학이 빛을 보기 시작한, 그야말로 여명기였다.

프랭클린은 프랑스에서 유학 생활을 마친 후, 제2차 세계대전이 끝나자 겨우 평정을 되찾은 런던의 킹스칼리지에서 새 연구를 시작했다. 1950년, 그녀가 서른이 되던 가을날이었다. 그녀는 그 후 20여 개월 동안 모든 행운과 불행을 맛봤고 그 영향은 사방으로 퍼져나갔다.

런던 킹스칼리지에서 그녀에게 주어진 연구 주제는 X선으로 DNA 결정을 해독하는 것이었다. 때는 마침 에이버리의 발견, 즉 DNA만이 유전형질이라는 사실이 널리 인정되던 시기였다. 그렇다면 다음 타깃은 자연히 DNA 자체의 구조를 푸는 것이 된다. 모두가 이 성배를 찾기 위해 분주히 활동을 개시했다. 어떤 이는 대대적으로, 어떤 이는 비밀리에 일을 진행했다.

당시 아직 20대 초반이던 미국인 제임스 왓슨은 일확천금을 꿈꾸며 프랭클린의 모교인 케임브리지대학에 도착했다. 왓슨은 그곳에서 크릭을 만나 의기투합했다. 하지만 성배에 관한 정보는 지극히 한정되어 있었다. 뉴클레오티드의 구성에 관한 샤가프의 법칙이 유일한 힌트였던 것이다.

## 귀납과 연역

그러나 로절린드 프랭클린은 이와 같은 세상의 소동과는 전혀 무관한 곳에 있었다. 그녀는 오로지 X선을 이용해 물질의 구조를 규명하는 자신의 방법을 이용하여 연구할 수 있는 직장을 찾았다는 게 기뻤을 것이고, 그래서 모범생답게 연구를 시작했을 것이다.

훗날 수기 등이 발견되었지만, 그녀가 DNA에 대한 생물학적 중요성을 인정했기 때문에 연구에 매진했다는 말은 어디서도 찾아볼 수가 없다. DNA는 그녀에게 재료 그 이상도 이하도 아니었던 것이다. 그리고 X선 결정학은 정말 꾸준하고 착실하게 실험을 반복해야 하는 영역이다.

우선 재료로서 되도록 순도가 높은 DNA가 필요하다. 다음에는 그것을 결정화해야 한다. 결정화에 가설은 없다. 그것은 21세기인 현재도 마찬가지다. 시행착오를 반복하며 결정화 조건을 찾아야 한다. 이것이 X선 결정학의 성패의 열쇠를 쥐고 있다고 해도 과언이 아니다. X선을 조사하여 데이터가 될 만한 충분한 양의 산란 패턴을 얻기 위해서는 크고 아름다운 결정을 만들어야 한다. 산란 패턴을 해석하는 수학적 작업도 보통 까다로운 것이 아니다. 요즘은 이 부분의 복잡하고 어려운 계산을 컴퓨터 프로그램이 대신 해주고 있지만 프랭클린은 이를 손수 계산해야만 했다.

그녀는 그저 '귀납적'으로 DNA 구조를 규명하는 데 주력했다. 여기에는 그 어떤 야심도 없었다. 마치 낱말 맞추기 게임이나 수학 퍼즐을 풀 듯이 한 조각 한 조각 치밀하게 해석해나가다 보면 결국 DNA의 전체 구조가 모습을 드러낸다. 순간의 번뜩임도, 우연한 발견도 필요치 않다. 오로지 개별적인 데이터와 관찰 사실만을 쌓아갈 뿐이다. 금욕적일 정도로 모델과 도식화를 멀리한다. 철저히 귀납을 고수한다. 사실, 그녀에게 그 외의 해법은 존재하지 않았다⋯⋯.

프랭클린은 자신의 일을 착실하게 진행했다. 일을 시작하고 1년 정도 사이에 DNA에는 수분 함량의 차이에 따라 'A형'과 'B형'의 두 종류의 형태가 존재한다는 것을 밝혀냈고, 그것을 구별하여 결정화하는 기법을 고안해냈다. 또한 각각의 미묘한 DNA 결정에 정확히 X선을 조사하고 아름다운 산란 패턴을 촬영하는 데도 성공했다. 그녀는 그 사실을 미발표 데이터로서 아무에게도 보여주지 않고 혼자 힘으로 수학적 해석에 들어갔다. 프랭클린의 귀납법은 그녀 자신은 깨닫지 못했지만, 성배 바로 근처까지 접근해 있었다.

한편 왓슨과 크릭은 전형적인 연역적 접근으로 DNA 구조에 다가가고 있었다. 그것은 일종의 직감 혹은 특수한 순간적 예지로, 분명 그럴 것이라고 미리 도식을 생각하고 정답에 다가가는 방식이다. 너무 결론을 서두른 나머지, 자칫하면 자신의 가설에 불리한 데이터는 무시하게 되는 경향이 있다. 그러나 한편 대담한 비약은 구태를 타파하고 새로운 세계를 개척하기도 하는 법이다.

왓슨과 크릭은 스스로 실험하고 데이터를 수집하려고는 하지 않았다. 그 대신 골판지와 철사를 이용해 만든 분자 모델을 움직이면서 하루종일 수다에 가까운 논의를 계속했다. DNA는 생명의 유전 정보를 담당하고 있기 때문에 반드시 자기를 복제할 수 있는 구조를 하고 있을 것이며, 샤가프의 법칙을 만족하는 규칙성이 있을 것이라고.

그러나 아무리 연역적이라고는 하지만, 그들에게도 비약적인 사고를 이끌어내는 도약대가 될 만한 데이터와 관측 사실이 필요했다. 그런데 그것은 의외의 곳에서 발견되었다.

## 도둑맞은 X선 사진

로절린드 프랭클린은 자신이 독립된 연구원이며 DNA의 X선 결정학이 자신의 프로젝트라고 생각하고 있었다. 그런데 그녀가 소속되기 전부터 런던 킹스칼리지에서 DNA를 연구해 오던 모리스 윌킨스(Maurice Wilkins, 1916~2004)의 생각은 달랐다. 윌킨스는 프랭클린을 자신의 부하직원으로 생각했고, 자신이 DNA 연구 프로젝트를 총괄하고 있다고 믿었다. X선 결정학에 대해 무지했던 윌킨스는 프랭클린이 참가함으로써 자신의 프로젝트가 힘차게 추진될 수 있을 거라 기대했다. 이 오해가 불행의 시작이었다.

애매함이나 타협을 일체 허용하지 않는 프랭클린은 연구소에서 윌킨스와 충돌하는 일이 잦았다. 어떤 때는 윌킨스에게 DNA에서 손을 떼라고 말한 적도 있었다. 윌킨스는 이 냉전 때문에 상당히 애를 먹었을 것이다.

윌킨스와 프랭클린이 소속된 킹스칼리지와 왓슨과 크릭이 소속된 케임브리지대학 캐빈디시연구소는 DNA 구조의 규명을 둘러싸고 경쟁하고 있었다. 그러나 양쪽은 사적인 부분에서는 우호적이었다. 특히 크릭과 윌킨스는 나이도 비슷하고 옛날부터 친분이 있었다. 윌킨스는 가끔 크릭과 식사를 하면서 프랭클린의 행동에 대해 불평을 늘어놓곤 했다. 윌킨스는 안 듣는 곳에서는 프랭클린을 '다크 레이디'라고 불렀다.

여기 세 권의 책이 있다. 첫 번째는 제임스 왓슨이 쓴 《이중나선》, 두 번째는 프랜시스 크릭이 쓴 《열정 어린 탐구의 나날》, 그리고 세 번째가 모리스 윌킨스가 쓴 《이중나선 제3의 남자》이다.

왼쪽부터 왓슨, 크릭, 윌킨스(©Nobelstiftelsen)

1968년, 왓슨이 출판한 《이중나선》은 과학 서적으로
는 드물게 베스트셀러가 되었다. DNA 구조 규명 경쟁을
둘러싼 과학자들의 적나라한 실태, 불안과 초조함, 시기
와 질투가 솔직한 필치로 그대로 드러나 있기 때문이다.
사람들은 이 폭로서를 재미있어했다.

　그러나 대부분의 독자들이 눈치채지 못한 사실이 있
다. 이 책은 전혀 공평하지 못하다. 저자 왓슨만이 순수
한 천재인 것처럼 안전 지대에 놓여있고 다른 사람들은
실제 모습과는 너무나 달리 묘사되어 있다. 몇몇 관계자
들이 이론을 제기했다. 크릭조차도 불쾌감을 감추지 않
았다. 그 가운데 가장 부당하게 묘사된 사람은 바로 로절
린드 프랭클린이었다. 그녀는 윌킨스의 '조수'로 등장하
는데, 까다로우며 히스테릭할 뿐만 아니라 자신의 데이

터가 얼마나 중요한 것인지도 모르는 다크 레이디 '로지'로 묘사되어 있다.

이 책에는 아무렇지도 않게 또 다른 중요한 문장이 기재되었다. 왓슨이 언젠가 킹스칼리지를 방문했을 때 로지와 논쟁을 하게 되어 상당히 기분 나빴던 적이 있었고, 이를 계기로 윌킨스와 '피해자 동맹'을 맺으며 속내를 털어놓는 사이가 되었다고. 그리고 윌킨스는 어떤 비밀을 말해준다.

왓슨이 프랭클린이 촬영한 DNA의 3차원 형태가 나타난 X선 사진의 결과를 몰래 복사해서 가지고 있다는 것이었다.

그 X선 사진 모양은 어땠냐고 묻자 모리스는 옆 방에서 그들이 'B형' 구조라 부르는 새로운 형태를 찍은 사진의 프린트를 가지고 왔다.

그 사진을 본 순간 나는 너무 놀란 나머지 심장이 마구 고동치기 시작했다. (중략) 사진 중에 가장 인상적이었던 검은 십자 모양의 반사는 나선 구조가 아니면 만들어질 수 없는 것이었다. (왓슨. 《이중나선》. 고단샤문고)

# 제7장

# 기회는 준비된 자에게만 찾아온다

## 윌킨스의 변명

훈련을 쌓은 의사는 흉부 X선 사진을 보는 것만으로도 희미한 결핵의 조짐 혹은 초기 암을 의심할 만한 그림자를 발견할 수 있다. 우리가 그런 사진을 본다 해도 거기에는 희뿌연 구름이나 안개 같은 하얀 얼룩만 보일 것이다.

사실 의사가 X선 사진을 불빛에 비추면서 보는 것은 가슴 영상이라기보다는 오히려 그의 마음속에 미리 준비해둔 '이론'일 것이다. 만약 결핵이라면 좌우 폐 하부의 쐐기 모양 끝 쪽에 흐릿하게 물이 흐르는 듯한 선이 보일 것이고, 만약 암이라면 평소와는 다른 형태로 모세혈관이 얽혀 있을 것이다. 그들의 눈에는 사전에 이런 '이론'이 적재되어 있다.

수치, 도표, 현미경 사진, X선 필름……. 확실히 과학 데이터는 객관적인 것처럼 보인다. 그러나 '데이터 A'를 보고 있는 모든 관찰자가 똑같이 '객관적인 사실 A'를 보고 있는 것은 아니다. 백문(百聞)이 불여일견(不如一見)일지도 모른다. 그러나 그 일견의 무게는 다르다. 그리고 그 다름의 정도, 즉 데이터가 도대체 무엇을 의미하느냐 하는 최종적인 결과는 항상 말로 표현된다. 그 말을 만들어내는 것이 바로 이론 적재성(theory-ladenness. 과학에서의 '관찰'에 관해 거론되는 속성으로, 과학자는 이론을 전제하는 시각이 있으므로 관측 결과를 있는 그대로 받아들이는 것이 아님을 뜻하는 말 —옮긴이)이라는 필터인 것이다.

왓슨은 부정한 방법으로 입수한 로절린드 프랭클린이 촬영한 DNA 데이터를 봤을 때 어느 정도 마음의 준비가 된 상태였을까? 그리고 이론 적재성도 작용했을까? 그의 자서전인 《이중나선》에는 윌킨스가 살짝 보여준 X선 사진을 보자마자 그 데이터가 의미하는 것을 순간적으로 이해하고, 마치 벼락이라도 맞은 듯 충격을 받은 모습이 묘사되어 있었다.

"그 사진을 본 순간 나는 멍하니 입을 다물지 못했고 심장은 마구 고동쳤다."

이것은 사실일까? 아니, 의도적으로든 무의식적으로

든 이것은 훗날 조작된 발견에 관한 드라마였을 뿐이고, 당시에는 왓슨도 윌킨스도 그 자리에서 데이터를 해독할 수 있을 정도로 X선 결정학에 정통하지는 않았다는 것이 사실일 것이다. 그것은 윌킨스의 자서전을 읽어보면 알 수 있다. 공평을 기하기 위해, 데이터를 횡령한 악인으로 묘사된 윌킨스의 변명을 들어보자.

프랭클린의 X선 사진을 도용했다는 이 에피소드는 앞에서 소개한 왓슨의 책에서도 그다지 숨기려 하지 않고 당당하게 쓰고 있고, 그 후 화려하게 열린 유전자 연구의 시대를 생동감 있게 그려낸 유명한 저서, 호레이스 F. 저드슨(Horace F. Judson)의 《창조의 제8요일》에서도 이에 대해 신랄하게 비판하고 있다. 윌킨스는 이 일에 대해 줄곧 마음 아파하고 있었다. 그러나 그는 침묵을 지켰다. 그러던 그가 최근 들어 드디어 속내를 밝혔다. 그것이 바로 《이중나선 제3의 남자》인 것이다.

이 책에서 윌킨스는 이 '데이터 도용'에 대한 에피소드가 다양한 형태로 사람들 입에 오르내린 것에 대해 상처를 입었다고 고백하고 있다. 그리고 프랭클린의 X선 사진을 왓슨에게 보여줬다는 사실을 인정하고 있다. 그러나 그 행위 자체는 경솔했다고 후회하고 있으나 결코 도용하지도 않았을뿐더러 무단으로 사용하지도 않았다,

간접적인 프랭클린의 허가가 있었다고 적고 있다.

이는 상당히 민감한 부분이다. 당시 프랭클린은 윌킨스와의 의견 대립에 지쳐 연구실을 옮기려 마음먹고 있었다. 그녀 밑에는 그녀가 지도하던 대학원생 고슬링이 있었고, 혼자 남겨지게 된 고슬링은 어쩔 수 없이 연구실의 보스인 윌킨스의 지도를 받게 되었다. 따라서 윌킨스에게는 프랭클린과 고슬링이 공동으로 얻은 데이터를 열람할 수 있는 권리가 있었으며, 프랭클린도 그것을 인정했다는 얘기다.

《이중나선 제3의 남자》에서 윌킨스는 왓슨이 그 사진을 본 순간을 회고하고 있다. 거기에는 왓슨이 서둘러 돌아가려고 했기 때문에 윌킨스는 이 데이터가 왓슨에게 결정적인 정보를 제공했다고는 생각하지 않았으며, 왓슨이 그 데이터를 보고 충격을 받은 모습은 전혀 아니었다고 기록되어 있다. 심장이 고동쳤는지 어땠는지는 몰라도 적어도 왓슨이 입을 다물지 못했다는 기술은 없다.

## '준비된 마음'의 소유자는 누구인가

DNA 결정을 촬영한 프랭클린의 X선 사진은 훗날 훌륭한 데이터라는 평가를 받게 되었다. 그러나 그 사진은 언뜻 봐서는 필름 위에 검은 점들이 사방으로 흩어져 있는 지극히 추상적인 모습이며 흉부 X선 사진만큼이나 판독하기 힘든 것이었다. 그 사진에 의미를 부여하기 위해서는 수고가 동반되는 각종 수학적 변환과 해석이 필요했다. 슬쩍 한번 본 것만 가지고 왓슨이 그런 해독과 해석이 가능했으리라고는 믿기 어려운 게 사실이다. 만약 윌킨스가 이론 적재성이 있어 그것이 의미하는 바를 충분히 파악하고 있었다면, 그런 중요한 데이터를 그렇게 쉽게 경쟁자에게 보여줬을 리도 없었을 테고 말이다.

오히려 이 드라마의 등장인물 가운데 X선 결정 구조를 해석하는 데 가장 '준비된 마음'을 가지고 있었다고 생각되는 사람은 물리학 전공자로서 이미 단백질 X선 데이터를 판독한 경험이 있는 프랜시스 크릭이다.

그런데 크릭은 크릭 나름대로 자서전《열정 어린 탐구의 나날》에서 "나는 당시 그 사진을 본 적이 없다"라고 기술하고 있다. 아마 그 말은 사실이 아닐 것이다.

참고로, 크릭의 이 자전적 회고록의 원제는《What Mad Pursuit》인데, 그의 '자유로운 영혼의 편력'은 남에게 보이기 좋아하는 왓슨의《이중나선》과는 완전히 분위기가 다른 수수하고 담담한 어조로 기술되어 있다. DNA 나선 구조 규명에 대한 부분에서도 그는 약간은 억

제하면서 겸손하게 쓰고 있다.

오히려 주목해야 할 점은 그 일 이후의 크릭의 사색, 즉 그는 유전자(DNA)와 단백질의 아미노산 배열이라는 두 개의 다른 코드를 잇기 위해 다른 정보 사이를 왕래하기 위한 어댑터가 필요했다는 것, 그리고 그 어댑터에 장착되어 있을 물질의 성질을 사고실험을 통해 예언하는 부분이다.

훗날, DNA에서 정보를 복제하여 운반하기 위한 전령사 역할을 하는 메신저 RNA와, 핵산의 유전 암호와 아미노산을 일대일로 연결하는 번역 소자의 역할을 하는 트랜스퍼 RNA가 잇달아 발견됨으로써 크릭의 통찰이 완벽하게 정곡을 찌르는 것임이 밝혀졌다. 생물학에서 이론적 예언이 실험적 증명에 의해 입증된, 유례를 찾아보기 힘든 획기적인 일이었다.

## 크릭의 조용한 정열

크릭은 DNA에 도달하기까지 그다지 흥미가 없는데도, 어느 쪽이냐 하면 사실 싫어하면서도 많은 연구를 해왔다. 런던대학에서 물리학을 전공한 그는 구식 실험실에서 압력과 온도를 가했을 때 나타나는 물의 점성 변화를 관측하는 연구를 했다. 그런데 곧 제2차 세계대전이 터지고 해군에 배속되어 기뢰에 관한 군사 연구를 하게 되었다.

전쟁이 끝나고 간신히 기초 연구의 메카인 케임브리지대학 캐빈디시연구소에 들어가게 된 것까지는 좋았는데, 거기서 할당받은 일이란 것이 매일같이 말의 혈액에서 헤모글로빈이라는 단백질을 추출하여 그 구조를 밝히는 것이었다. 이 역시 그가 마음에서 우러나서 의욕적으로 하고 싶은 일은 아니었다. 그는 영원의 신비를 밝혀내는 어떤 막중한 일을 하고 싶었던 것이다.

'이기적 유전자' 이론을 일본에 전파한 것으로 유명한 다케우치 구미코(竹內久美子)의 《이런 당치않은! 유전자와 신에 대해》(문예춘추, 1994)에는 크릭에게 바치는 한 장(章)이 있다. 그녀의 '이론'은 그렇다 쳐도, 그녀는 대단히 멋진 문장으로 크릭에 대한 존경심을 나타내고 있다. 크릭이 먼 길을 돌아와서도 끊임없이 조용한 열정을 품고 수수께끼와 마주하고 있는 모습을 칭송한 것이다. 앞서 소개한 '자유로운 영혼의 편력'이라는 말은 그녀의 책에서 인용한 것이다. 그런데 그 안에 이런 구절이 있다.

"《What Mad Pursuit》, 직역하면 '이 무슨 광기 어린 추구인가'라 할 수 있을까. 이는 키츠의 시 가운데 한 구절에서 따온 것이다. 그런데 유감스럽게도 일본어 번역본의 제목은 《열정 어린 탐구의 나날》이다."

그 세련되고 멋진 원제가 번역 과정에서 흔한 말로 전락했다는 듯한 어감이다. 지금도 꾸준히 베스트셀러 자리를 지키고 있는 다케우치의 책이 판을 거듭해도 전혀 제목을 바꿀 기색이 없으니 한마디하겠다. 이 '직역'은 적절하지 않다.

우선 구문상, 아무리 생각해도 감탄문은 될 수 없다. 인용의 원전은 〈그리스 항아리에 부치는 노래〉라는 키츠의 유명한 시인데, 시인은 고대의 항아리에게 묻고 있다. 즉 이는 의문문인 것이다. "어떤 광기가 (그것을) 추구하고 있는가?"라는 뜻일 것이다. 물론 크릭에게 '그것'이란 생명의 가장 큰 신비, 유전자에 관한 수수께끼였다. 백번 양보해서 만약 크릭이 의문문으로 사용한 것이 아니라면 'what=something'이 되어 '광기가 추구하는 그 무엇'이라는 의미로 읽을 수도 있을 것이다. 그 편이 평생 싫증내지 않고 사색 여행을 즐겼던 크릭의 모습을 더 잘 나타낼지도 모른다.

훗날 과학 행정의 길을 선택해 게놈 프로젝트를 주도하는 등 그 분야에서도 대업을 이룬 왓슨과는 달리, 크릭은 과학자로서 생을 마감했다. 나는 딱 한 번 20세기 최

고의 과학자이자 전설적인 인물인 크릭의 실물을 본 적
이 있다.

라호이아(La Jolla). 로스엔젤레스에서 멕시코를 향해
태평양 연안을 따라 두 시간 정도 내려가다 보면 바다를
바라보는 작은 구릉 지대에 이 작은 마을이 있다. 겨울에
도 나비가 날아다니고 1년 내내 꽃이 피는 이곳은 미국
전역으로부터 유명한 사람들이 모여 '여생'을 즐기는 곳
이다. 높은 파도가 치는 라호이아비치는 서핑의 메카이
기도 하다.

스페인어로 '보석'을 의미하는 라호이아는 미국의 부
가 말 그대로 보석처럼 응축되어 찬란히 부서지는 햇빛
을 받으며 그 단단한 아름다움을 발하고 있는 곳이다.

라호이아 북부의 바다와 접하는 약간 높은 언덕 위에
소크생물학연구소가 있다. 세계 최고의 생물학 연구 시
설 중 하나이며 '사설' 기관이다. 주위는 모래와 자갈이
펼쳐진 황무지다. 그곳에 생뚱맞게 서 있는 소크(Jonas
Edward Salk, 1914~1995, 소아마비 예방약 '소크 백신'을 개발한 미
국의 의사·세균학자 조너스 소크 — 옮긴이)는 방문객들을 당황
케 한다.

루이스 칸(Louis Kahn)이 설계한 이 건축물은 목재와
콘크리트만으로 지은 저층의 연구동이 마치 중세 수도

원처럼 한가운데의 코트를 중심으로 회랑 모양으로 배치되어 있다. 코트는 나무 한 그루 없이 돌로만 이루어져 있다. 태평양을 향한 쪽만이 트여 있는데, 코트의 중앙을 가르는 수로가 그대로 곧장 바다와 수평선의 경계로 떨어지도록 되어 있다. 칸은 이를 하늘을 향한 파사드(facade, 건축물의 주된 출입구가 있는 정면부 — 옮긴이)라 했다. 소크에 모인 초일류 과학자들은 이 열린 파사드에서 세상을 향해 밤이고 낮이고 새로운 정보를 발신하고 있다.

언젠가 이 소크연구소를 방문했던 나는 건물 안을 돌다가 좀 쉴 겸해서 카페테리아로 내려갔다. 의자에 앉아 옆을 바라보니 거기에 크릭이 있었다. 그는 혼자 떨어져 앉아 조용히 커피를 마시고 있었다. 식당에는 연구원들이 삼삼오오 모여 앉아 담소를 나누고 있었는데 누구 하나 크릭에게 신경을 쓰는 사람은 없었다. 아마 그렇게 하는 것이 그곳에서는 경의를 표하는 방법인 것 같았다.

그는 영국을 떠나 오래전부터 소크에 적을 두고 있었다. 이곳에서 그는 젊은 날 품었던 또 다른 꿈, 뇌의 비밀을 규명하기 위한 사색을 하고 있었던 것이다. 떨어져 있는 신경세포가 어떻게 동조(同調)적으로 활동할 수 있는가? 소위 뇌의 결합 문제라 하는 어려운 테마다. DNA의 비밀을 푼 크릭에게는 이것이 두 번째로 도전해야 할 최대의 수수께끼였을 것이다. 생명현상에서 일어나는 동조 문제, 즉 싱크로니시티(Synchronicity, 동시성)에 대해서는 다음 기회에 이야기하기로 하자.

물론 나 역시 바로 옆에 앉아 있는 진짜 프랜시스 크릭에게 아무 말도 걸지 못했다. 다만 그 장소에 찾아와준 신기한 우연을 행운이라 생각했을 뿐이다. 크릭은 2004년, 그곳에서 생을 마감했다.

## 나선 구조 규명의 진실

자, 이제 본론으로 돌아가자. 크릭이 자서전에서 자세히 언급하기를 회피한 사실이 있다. 그것은 다름 아닌 DNA 구조를 푸는 데 결정적인 열쇠를 쥐고 있는 것이며, 또한 과학자가 다른 과학자의 성과를 평가하는 피어 리뷰의 함정을 부각시키는 일이기도 하다. 크릭은 로절린드 프랭클린이 전혀 눈치채지 못하는 사이에 DNA에 관한 그녀의 데이터를 보고 있었던 것이다.

프랭클린은 1952년, 자신의 연구 결과를 정리한 보고서를 연차 보고서의 형태로 영국의학연구기관에 제출했다. 영국의학연구기관은 그녀에게 연구 자금을 제공하는 공적인 기관이었다. 연구원은 자금을 지원해주는 곳에 대해 의무적으로 연구 성과를 보고해야 하며, 그 성과에 따라 자금을 계속 지원받을 수 있는지 여부가 결정되는 게 상례였다. 그러므로 프랭클린은 모든 성과를 다 기록한 상세 보고서를 작성했다.

단 이런 보고서는 학술 논문이 아니다. 따라서 엄밀한 피어 리뷰, 즉 전문 과학자에게 논문 가치 심사를 받는 것이 아니며 공표되는 일 또한 없다. 그 대신에 연구원은 미발표 데이터나 연구 중에 있는 시험적 데이터도 기록할 수 있다. 그렇다고는 하나 영국의학연구기관의 예산 권한을 갖는 구성원들이 보게 된다는 점에서 이 보고서도 연구 논문과 마찬가지로 피어 리뷰어에게 노출되어 있다고 할 수 있다.

그 리뷰어 가운데 맥스 퍼디낸드 퍼루츠(Max Ferdinand Perutz, 1914~2002)라는 사람이 있었다. 퍼루츠는 기관의 위원이었으며 또한 크릭이 소속된 케임브리지대학 캐빈디시연구소에서는 그의 지도 교수에 해당하는 위치에 있었다. 프랭클린이 영국의학연구기관에 제출한 보고서 사본은 우선 퍼루츠에게 넘어갔고, 그에게서 다시 크릭에게 넘겨졌다. 크릭이 프랭클린의 데이터를 볼 수 있게 된 것이다. 조용히, 아무에게도 방해받지 않고서 말이다.

그 보고서는 왓슨과 크릭에게는 더할 나위 없이 중요

한 의미를 갖는 것이었다. 거기에는 실제 데이터뿐 아니라 프랭클린 자신이 직접 손으로 쓴 측정 수치와 해석도 덧붙여져 있었다. 즉 그들은 교전국의 암호 해독표를 입수한 것이나 마찬가지였다.

보고서에는 DNA 결정의 단위에 대한 해석이 명기되어 있었다. 그것을 보면 DNA 나선의 지름이나 한 타래의 크기, 그 사이에 몇 개의 염기가 계단 모양으로 배치되어 있는지도 알 수 있었을 것이다. 뿐만 아니라 그 보고서에는 가장 중요한 의미가 그대로 노출되어 있었다.

"DNA의 결정 구조는 C2 공간군이다."

이 한 문장은 크릭이 전부터 생각해오던 것과 맞아떨어졌다. 마치 지그소 퍼즐의 마지막 한 조각처럼. C2 공간군이란 두 개의 구성 단위가 서로 반대 방향을 취하며 점대칭적으로 배치되었을 때 성립한다. 크릭의 마음에는 단백질 헤모글로빈의 결정 구조가 C2 공간군일 거라는 이론 적재성이 강하게 자리 잡고 있었다. 그는 이 헤모글로빈 구조에 질릴 정도로 매진해온 상태였다.

Chance favors the prepared minds. 기회는 준비된 자에게 찾아온다. 파스퇴르가 했다는 이 말대로 정말 기회가 찾아왔다.

두 가닥의 나선 사슬은 반대 방향을 바라보며 서로 꼬

여 있다! 크릭은 그 자리에서 이렇게 해석했다. 그때 A와 T, G와 C의 염기 쌍은 사슬의 주행 방향과 90도 평면각을 이루면서 정확히 DNA 나선 내부에 들어가게 된다. 반대 방향으로 짝을 이루는 DNA의 복제도 서로 반대 방향으로 발생한다. 멀리스의 PCR도 여기에 근거하여 성립된다. 모든 것을 풀 수 있는 열쇠가 바로 여기에 있었다.

아마 왓슨과 크릭은 이 보고서를 보고 처음으로 자신들의 모델이 맞았음을 확신했을 것이다. 그들은 즉각 〈네이처〉에 논문을 보냈다.

그러나 말이다, 피어 리뷰 중에 있는 미발표 내용을 포함한 보고서가 본인이 전혀 모르는 사이에 슬쩍 경쟁 연구원의 수중으로 넘어가고, 그것이 열쇠가 되어 세기의 대발견이 이루어졌다면, 이는 단적으로 말해 중대한 연구상의 규칙 위반이 아닌가.

과연 퍼루츠가 먼저 그 보고서를 크릭에게 건네줬을까? 퍼루츠는 1969년, 〈사이언스〉에서 "당시의 나는 미숙했고, 사무적인 절차에 대해서는 둔감했다. 그리고 그 보고서가 극비 문서인 것도 아니었기에 제공해서는 안될 이유는 없다고 생각했다"라고 변명했다.

DNA 나선 구조가 밝혀진 지 거의 10년이 지난 시점인 1962년 말, 스톡홀름에서 개최된 노벨상 수상식 단상에는 그 세 명의 공로자가 광채를 발하며 서 있었다. 제임스 왓슨, 프랜시스 크릭, 그리고 모리스 윌킨스. 그들에게는 DNA 나선 구조를 규명한 공로로 노벨의학생리학상이 수여되었다. 게다가 같은 단상에 단백질 구조를 밝혔다는 공로를 인정받은 맥스 퍼루츠의 모습도 보였다. 그에게는 화학상이 수여되었다. 어떤 의미의 '공범자들'이 그 자리에 모두 모인 것이다.

가장 중요한 공헌을 해낸 로절린드 프랭클린의 모습은 찾아볼 수 없었다. 그녀는 그 세 명이 나란히 노벨상을 수상했다는 사실도 영영 모른 채 이미 4년 전인 1958년 4월, 암으로 서른일곱의 생을 마감했던 것이다.

그녀는 연구 테마를 DNA에서 담배모자이크로 바꾸어 죽음 직전까지 연구에 매진했다. 그리고 그 입체 구조를 거의 다 해독한 상태였다. 이 연구 역시 연역법적인 논리의 점프를 허용하지 않는 완벽한 귀납적 접근법으로만 진행되었다. 그녀다운 방법이었다.

바이러스는 나선형의 RNA가 중심에 있고 그를 둘러싸듯 단백질의 기본 구성 단위(서브 유닛)가 회전호를 그리며 쌓여 있는 미래적인 원주 구조를 하고 있다. 그것은 마치 그녀의 생각을 말 그대로 증명하듯 원을 그리면서 같은 장소로 돌아오지 않고 규칙적인 속도로 상승을 반복하고 있었다.

여담이지만, 그녀가 요절한 것은 무방비로 X선에 너무 많이 노출되었기 때문이라는 설도 있다.

## 슈뢰딩거의 질문

왓슨, 크릭, 윌킨스 모두 자신들에게 생명의 비밀을 탐구하고자 하는 계기를 마련해준 존재로 한 권의 책을 들었다. 물리학자인 에르빈 슈뢰딩거(Erwin Schrödinger, 1887~1961)의 《생명이란 무엇인가》(1944)가 바로 그것이다. 상당히 얇고 작은 책이다.

독자 여러분은 1944년이라는 연도를 꼭 기억해주기 바란다. 왓슨과 크릭이 이중나선 구조를 발견하기 10년 전, DNA를 유전 물질로 규정한 뉴욕 록펠러연구소의 오즈월드 에이버리의 연구가 발표된 것이 정확히 1944년 이다. 그러나 아직 세상의 인정을 받지 못했고 당연한 얘기지만 물리학자인 슈뢰딩거에게도 이 소식은 전해지지 않았다.

슈뢰딩거가 20세기 초의 이론물리학을 구축한 아인슈타인과 어깨를 나란히 하는 천재라는 사실은 말할 필요도 없을 것이다. 1926년, 그가 서른여덟의 나이에 제출한 〈고유값 문제로서의 양자화〉라는 제목의 논문은 슈뢰딩거의 파동방정식으로 너무나 잘 알려져 있다. 오늘날 이과계 대학생들은 우선 그의 기초 이론에 관한 강의부터 듣게 된다. 그런 그가 어째서 생명현상에 대한 고찰을 글로 남겼을까?

슈뢰딩거는 1933년에 노벨물리학상을 수상했다. 그러나 당시 그는 이론물리학 '현장'에서 모습을 감춘 뒤였다. 자신이 기초를 다진 양자역학의 발전, 즉 불확실성이나 비연속성이라는 개념에 대해 그는 강한 의심과 불신을 안고 아예 그로부터 등을 돌리고 말았다. '슈뢰딩거의 고양이'라 불리는 그가 제기한 패러독스는 불확정성 원리에 기초해 자연을 이해하려는 자기 자신에 대한 안티테제(Antithese)다.

1930년대 말에는 아일랜드 더블린에 은둔하면서 주류 학계로부터 완전히 분리된 생활을 했다. 제2차 세계대전이 한창이던 1943년 2월, 더블린의 고등학술연구소 주최로 개최된 일반인을 위한 연속 공개 강좌의 강의록을 바탕으로 이 《생명이란 무엇인가》가 간행되었다.

이 책에는 고독한 인식의 변천사가 담겨있다.

"물리학은 앞으로 가장 복잡하고 불가사의한 현상을 규명해야 하는 상황에 직면할 것이다. 그것은 바로 생명이다."

서론은 이렇게 시작되고 있다. 그러나 그의 진의는 오히려 그 반대였다. 생명현상은 신비하지 않다. 모든 생명현상은 물리학과 화학으로 설명할 수 있다. 그 카랑카랑한 선언서가 바로 《생명이란 무엇인가》인 것인데, 그 조용한 열기에 젊은 왓슨이, 크릭이, 윌킨스가 감응한 것이다.

슈뢰딩거는 《생명이란 무엇인가》에서 아주 중요한 두 가지 질문을 던지고 있다. 하나는 "유전자의 본체는 혹시 비주기성 결정이 아닐까?"라고 예측한 부분이고, 두 번째는 조금은 기묘하게 들리는 질문인데, 바로 "원자는 왜 그렇게 작을까?"라는 것이다.

# 제8장

# 원자가 질서를 창출할 때

## 작은 조개껍데기는 왜 아름다운가

여름 휴가. 해변의 모래사장을 걷다 보면 발치에 무수한 생물과 무생물이 산재해 있음을 보게 된다. 마치 나이테처럼 아름다운 단면을 가진 붉은 자갈. 나는 그 자갈을 손에 들고 잠시 바라보다가 모래사장에 떨군다.

문득 그 옆에 자갈과 거의 비슷한 색을 띤 작은 조개껍데기가 눈에 들어온다. 그것은 이미 생명을 잃었지만 우리는 확실히 그것이 생명의 힘으로 만들어진 것임을 안다. 우리는 작은 조개껍데기 안에서 결정적으로 자갈과 다른 그 무엇을 보고 있는 것일까?

"생명이란 자기 복제를 하는 시스템이다."

생명의 근간을 이루는 유전자 자체, DNA 분자의 발견과 그 구조의 규명은 생명에 대해 이렇게 정의 내렸다.

조개껍데기는 분명히 조개의 DNA가 만들어낸 결과물이다. 그러나 지금 우리가 조개껍데기를 보면서 느끼는 질감은 '복제'와는 또 다른 그 무엇이다. 자갈도, 조개껍데기도 원자가 모여 만들어낸 자연의 조형이다. 모두 아름답다. 하지만 작은 조개껍데기가 발하는 광택에는 자갈에는 존재하지 않는 미의 형식이 있다. 그것은 질서가 창조하는 아름다움이며, 동적인 것만이 발할 수 있는 아름다움이다.

동적인 질서. 분명 거기에 생명을 정의할 수 있는 또 하나의 규준(criteria)이 있다. 그 규준을 탐구하려면 DNA의 세기가 시작된 1950년대에서 조금 더 과거로 시간과 장소를 되돌릴 필요가 있다.

앞에서 말했듯 DNA의 구조 규명에 도전했던 왓슨, 크릭, 윌킨스는 한 권의 작은 책에서 영감을 얻었다고 했다. 양자역학의 선구자인 에르빈 슈뢰딩거가 1944년, 은둔 생활을 하고 있던 아일랜드 더블린에서의 강의록을 바탕으로 저술한 《생명이란 무엇인가》다.

그런데 그들이 고무되었던 것은 "생명현상은 최종적으로는 물리학 혹은 화학으로 설명할 수 있을 것이다"라는 슈뢰딩거의 총괄적인 예언 때문이었다. 그러나 그들이 이 책을 읽은 것은 아마 1950년대에 들어서일 것이다. 그 책의 집필 시점에서는 물질 차원에서 유전자에 대해 알려진 것은 극히 일부였고, 물리학자 슈뢰딩거의 생물학 지식도 아주 제한적인 것이었다.

1944년이라면 뉴욕 록펠러연구소의 오즈월드 에이버리가 주의 깊은 연구 결과를 조심스럽게 발표했던 해다. 유전자의 본체는 그때까지의 생각과는 달리 단백질이 아니라 오히려 핵산이 아니겠느냐는 데이터였다. 동료들 사이에서도 회의적으로밖에 받아들여지지 않았던, 그리고 대부분의 생물학자들이 그 중요성을 아직 깨닫지 못했던 에이버리의 발견이 더블린에 있던 슈뢰딩거에게 전해질 리 없었다. 따라서 슈뢰딩거의 고찰도 대부분이 물리학자로서의 개념적인 사고실험에 그치는 수준이었다.

그렇다고는 하지만 유전자의 본체가 디옥시리보핵산(=DNA)이라는 화학물질이며 그 이중나선 구조는 유전자의 복제 시스템을 전담한다는 왓슨과 크릭의 발견은 슈뢰딩거의 예언이 멋지게 적중한 성과물이었다.

슈뢰딩거를 사색에 빠지게 했던 생명에 대한 중요한 성찰이 자칫하면 어둠 속에 묻힐 뻔했던 것이다.

## 원자의 '평균'적인 행위

《생명이란 무엇인가》의 서문에서 슈뢰딩거는 다음과 같은 질문을 했다.

"원자는 왜 그렇게 작을까?"

이 '특이한', '사람을 무시하는 듯한' 질문에는 어떤 의미가 있는 것일까? 그리고 생명현상과는 도대체 어떤 관계가 있는 것일까?

분명 개개의 원자는 아주 작다. 원자의 지름은 대체로 1에서 2옹스트롬이다. 옹스트롬이란 1미터의 100억 분의 1이다. 생명현상을 관장하는 최소 단위인 세포조차 그 지름은 거의 30만~40만 옹스트롬이며 여기에는 어마어마한 수의 원자가 포함되어 있다.

슈뢰딩거는 원자의 크기와 생물의 크기에 관한 다음과 같은 사실을 개괄적으로 설명한 후 분명히 질문을 반전시키고 있다.

자, 원자는 왜 그렇게 작은 것일까요?

이는 분명 다소 교활한 질문입니다. 왜 그러냐 하면, 사실 지금 제가 문제 삼고 있는 것은 원자의 크기가 아니기 때문입니다. 지금 제가 궁금한 것은, 사실은 생명체의 크기,

특히 우리들 몸의 크기에 대해서입니다.

(중략)

이처럼 우리들의 질문의 진정한 목적은 두 개의 크기 — 우리 몸의 크기와 원자의 크기 — 를 비교하는 데 있다는 것이 밝혀졌으니, 독립적인 존재로서의 원자가 엄연히 먼저 존재했다는 사실을 생각하면 좀 전의 질문은 사실 이렇게 바뀌어야겠지요. "우리 몸은 원자에 비해 왜 이렇게 커야만 하는가?"라고 말입니다.


그 후 슈뢰딩거는 몇몇 예를 들어 원자의 '행위'가, 일반적으로 말해 끊임없으며 전혀 무질서한 열운동에 의해 농락당하는 모습을 보여주었다.

그중 하나가 브라운운동이다. 원자 자체의 움직임을 직접 볼 수는 없지만 작고 가벼운 입자, 예를 들어 수면에 떠오르는 꽃가루나 공기 중에 떠 있는 안개(미세한 물방울)의 움직임이라면 현미경을 이용해 추적해볼 수 있다. 이것이 브라운운동이다.

미립자는 그 주위에 존재하는 보이지 않는 원자(정확히 말하자면 꽃가루의 예에서는 물 분자, 안개의 예에서는 기체 분자)에 끌려다니며 끊임없이 흔들리고 있다. 그래도 안개 물방울의 경우, 중력의 힘을 받고 있으므로 전체를 평균하면

서서히 지표면으로 낙하한다. 그는 이 '평균하면'이라는 개념에서 주의를 환기시킨다.

슈뢰딩거가 들었던 다른 예는 확산이다. 조금 지루한 설명이 되겠지만 잘 들어주기 바란다.

물을 채운 네모난 용기의 구석에 색깔이 있는 어떤 물질(여기서는 자주색 과망간산칼륨)을 용해시킨다. 그것을 방치해두면 확산이라는 상당히 느릿한 과정이 진행된다. 처음에는 한구석에 있던 진한 자주색이 서서히 맑은 물 쪽으로 퍼져나가다 드디어 골고루 분포하게 된다.

그러나 과망간산칼륨의 입자는 '원해서' 혼잡한 곳에서 좀 더 한가한 곳으로 이동하는 게 아니다. 그런 힘이나 경향이 존재하는 것도 아니다.

입자는 물 분자의 충돌에 의해 끊임없이 움직이고 예측할 수 없는 방향으로 이동한다. 어떤 경우에는 농도가 진한 곳으로, 또 어떤 경우에는 옅은 곳으로. 그래도(여기서는 위의 예에서 중력에 해당하는 것이 없음에도 불구하고) 전체를 평균해보면 과망간산칼륨의 입자는 규칙적으로 농도가 진한 쪽에서 약한 쪽으로 흘러간다. 왜 그럴까? 그것은 바로 각 입자가 완전히 제멋대로 움직이고 있기 때문이다.

네모난 용기에 한 작은 구획을 생각해보자. 또 다른 작은 구획이 그 옆에 있다. 과망간산칼륨의 입자들은 불규칙한 운동을 하며 오른쪽 구획에서 왼쪽 구획으로 혹은 왼쪽 구획에서 오른쪽 구획으로 이동할 수 있다. 같은 확률로 말이다. 만약 오른쪽 구획에 왼쪽보다 많은 과망간산칼륨이 녹아 있다면(처음에 과망간산칼륨을 오른쪽 구석에 녹였다고 생각해보자) 오른쪽에서 왼쪽으로 이동하는 입자가 그 반대의 경우보다 많아지게 된다. 단순히 불규칙한 운동을 하고 있는 입자가 왼쪽보다는 오른쪽에 더 많이 존재하기 때문이다.

그런 움직임을 전체적으로 평균해보면 오른쪽에서 왼쪽으로, 즉 농도가 진한 쪽에서 약한 쪽으로 입자의 흐름이 진행되고, 이는 입자가 골고루 분포될 때까지 이어진다. 입자의 불규칙한 운동은 그 후에도 계속되지만, 그것은 불규칙을 휘저어 다시 불규칙을 만드는 행위의 반복일 뿐이다.

슈뢰딩거가 왜 이런 현상을 자세히 설명했느냐 하면, 물리 법칙은 다수의 원자 운동에 관한 통계학적인 기술이라는 점, 즉 그것은 전체를 평균했을 때에만 얻을 수 있는 근사적인 것에 지나지 않는다는 원리를 확인하고자 했기 때문이다.

# 우리들 몸이 이렇게 큰 이유

자, 생명현상도 모두 물리의 법칙에 속한다면 생명을 구성하는 원자 또한 끊임없이 불규칙한 열운동(여기서 예로 든 브라운운동과 확산)으로부터 벗어날 수는 없다. 즉 세포의 내부는 항상 움직이고 있다는 말이 된다. 그럼에도 불구하고 생명은 질서를 구축하고 있다. 그 대전제로 '우리들 몸은 원자에 비해 훨씬 클 수밖에 없다'는 것이다.

질서가 있는 모든 현상은 방대한 수의 원자(혹은 원자로 이루어진 분자)가 하나가 되어 행동할 때 비로소 그 '평균'적인 행위로서 나타나기 때문이다. 원자의 '평균'적인 행위는 통계학적인 법칙에 따른다. 그리고 그 법칙의 정밀도는 관계된 원자의 수가 증가하면 증가할수록 더욱 커진다.

불규칙성 속에서 질서가 생긴다는 것은, 사실은 이런 방법으로 집단 속에서 어떤 일정한 경향을 보이는 원자의 평균적인 빈도의 결과인 것이다.

자, 이번에는 100개의 미립자로 이루어진 집단이 있다고 가정해보자. 그들이 물속에 분산되어 있다면 브라운운동에 의해 항상 불규칙하게 움직이고 있을 것이다. 그리고 그 미립자를 공중으로 분산시켰다 하자. 앞서 슈뢰딩거가 들었던 안개의 예처럼 미립자는 공기 중의 분자에 휩쓸리면서 사방팔방으로 헤매면서도 중력의 영향을 받아 '평균'적으로는 아래로 낙하하게 된다.

이번에는 다른 실험을 예로 들어보자. 100개의 미립자를 물을 채운 네모난 용기의 오른쪽 모서리 부분에서 용해했다고 하자. 이 경우도 미립자는 물 분자와 충돌하면서 불규칙하게 떠돌며 앞에서 설명한 확산의 원리에 따라 '평균'적으로는 서서히 농도가 약한 왼쪽 방향으로 퍼질 것이다.

그렇다면 지금 이런 미립자의 행위를 '평균'이 아닌, 개별적으로 어느 한순간 정확히 관측할 수 있었다고 하자. 그러면 100개의 미립자 중 대다수는 공기 중에 뿌려졌을 때 낙하할 것이고, 수용액의 한구석에 용해되어 있으면 농도가 약한 방향으로 확산될 것이다. 그러나 관측그 순간만을 보면 입자 중에는 이 법칙에서 벗어나 낙하가 아닌 상승을 하고 있는 것 혹은 농도가 약한 방향에서 진한 방향으로 역행하는 것들도 있을 것이다.

평균에서 벗어나 이렇게 예외적인 행위를 하는 입자의 빈도는 제곱근의 법칙(루트n의 법칙)이라 불리는 것에 따른다. 100개의 입자가 있다면 그중 약 루트 100, 즉 열개 정도의 입자는 평균에서 벗어난 행위를 한다. 이는 순전히 통계학적인 얘기다.

그렇다면 단 100개의 원자로 이루어진 생명체가 있다고 가정해보자. 이 생명체는 어떤 생명 활동을 하든지 원자 중에 루트 100, 즉 10개 정도의 입자는 항상 활동에서 벗어날 것임을 각오해야 한다. 전체가 100이고, 예외가 10이라면 생명은 항상 10퍼센트 오차율의 부정확성을 안고 있는 게 된다. 이는 고도의 질서를 요구하는 생명 활동에 말 그대로 치명적인 정밀도인 것이다.

그렇다면 생명체가 100만 개의 원자로 이루어졌다면 어떨까? 평균에서 벗어나는 입자의 수는 루트 100만, 즉 1,000이 된다. 그렇다면 오차율은 '1,000/1,000,000=0.1퍼센트'로 현저히 떨어진다.

실제 생명현상에서는 100만이 아니라 그 몇 억 배나 되는 원자와 분자가 참가하고 있다. 슈뢰딩거는 생명체가 원자 하나에 비해 훨씬 큰 물리학상의 이유가 바로 여기에 있다고 지적한 것이다.

생명현상에 참가하는 입자가 적으면 평균적인 행위에서 벗어나는 입자의 기여, 즉 오차율이 높아진다. 입자의 수가 늘어나면 늘어나는 만큼 제곱근의 법칙에 의해 오차율을 급격히 저하시킬 수 있다. 생명현상에 필요한 질서의 정밀도를 높이기 위해 '원자는 그렇게 작아야 할', 즉 '생명은 이렇게 커야 할' 필요가 있는 것이다.

## 생명현상을 구속하는 물리적인 제약

실제로 최근에 생명의 발생 단계에서 기본적인 형태를 형성하는 데 확산의 원리가 중요한 역할을 하고 있다는 사실이 밝혀졌다.

우리의 몸은 가운데로 척추가 지나가고 그 척추를 중심선으로 좌우대칭 구조를 하고 있다. 척추에는 분절 구조가 있고, 신경 배선도 이 분절을 따라 분류되어 있다. 이것이 척추동물의 기본 구조다. 그러나 무척추동물인 곤충이나 지네, 거미 혹은 지렁이 같은 생물 역시 중앙선을 따라 분절 구조로 되어 있다. 기본적인 디자인은 같다는 것은 무엇을 의미할까?

속류진화론으로 마이크를 넘긴다면 그들은 분명 다음과 같이 설명할 것이다. '진화의 원동력은 돌연변이다, 돌연변이에 방향성은 없으며 이는 불규칙적으로 일어난다, 생명 역사의 어느 순간 불규칙한 돌연변이가 발생하여 분절을 갖는 생물이 탄생했다, 분절을 갖는 생물은 분절을 갖지 않는 매끄러운 생물에 비해 형태는 기분 나쁘지만 분절이 있음으로 해서 더 유리해지기도 했다, 예를 들어 분절에 의한 기능의 분담이나 반복 구조를 따르는 물질 이용의 효율화 혹은 손상을 입었을 때 그 분절 범위

내로 피해를 최소화시킬 수 있다는 점, 그로 인한 빠른 회복 속도 등이 그것이다. 이렇게 분절을 갖는 생물은 환경에 보다 잘 적응하고 분절을 갖지 않는 생물과의 생존 경쟁에서 이길 수 있었다. 그래서 오늘날 분절을 가진 생물이 널리 분포하게 된 것이다'라고.

그러나 나는 현존하는 생물의 특성, 특히 모든 형태적인 특징이 진화론적 원리, 즉 자연도태의 결과, 불규칙한 변이에 의한 것이라는 생각은 생명의 다양성을 너무나 단순화하는 사고라 생각하여 경계한다.

오히려 생물의 형태 형성에는 일정한 물리적인 틀, 물리적인 제약이 있으며 그에 따라 구축된 필연의 결과라고 생각하는 편이 더 나을 때가 많다고 생각한다. 분절도 그런 예다.

초파리라는 작은 파리가 있다. 생물의 형태를 보면서 분절을 갖는 기구에 대해 중요하게 생각하게 된 것은 이 투명하고 작은 곤충을 관찰하면서부터였다. 이 파리는 파리라고는 하나 영어 이름이 프루트 플라이(fruit fly, 과일 파리)인 것에서 알 수 있듯이 과일이나 수액을 좋아하는 길이 3밀리미터 정도의 아주 작은 파리다. 시험관 안에서 사육할 수 있으며 수명도 아주 짧기 때문에(알에서 부화까지 하루, 유충기 3일, 번데기 5일) 예전부터 실험용 생물로서 유전학자들의 유용한 도구가 되어왔다.

　세상에 나온 알은 분열을 반복하며 서서히 형태를 만들어간다. 파리이니만큼 결국은 작은 구더기가 된다. 구더기에는 이미 훌륭하고 섬세한 분절 구조가 있다. 그리고 앞으로 이어질 얘기는 세포분열이 진행되고, 세포 덩어리가 드디어 유충이 되기 바로 직전에 관한 것이다.

　세포 덩어리는 럭비공 같은 방추형이다. 앞으로 어느 쪽이 머리가 되고 어느 쪽이 꼬리가 될지는 이 단계에서 이미 정해져 있다. 이때 머리가 될 부분의 세포에서 비코이드(bicoid)라 불리는 특별한 분자가 방출된다. 그리고 곧 수조 한구석에 떨어트린 과망간산칼륨처럼 신속하게 퍼지기 시작한다. 비코이드는 발생 단계에서 아주 짧은 순간에만 방출되지만 불규칙한 열운동을 능가하고도 남을 만큼 분자가 많기 때문에 '평균하면' 머리에서 꼬리에 걸쳐 아름다운 그러데이션을 형성한다.

　비코이드는 자신과 접촉한 세포에 다음 단계의 분화 명령을 내리는 시그널의 역할을 한다. 그런데 이 부분이 이상하다. 세포에는 분명 비코이드에 대한 감수성(susceptibility. 생물학에서 어떤 물질을 받아들이는 정도를 뜻하는 말 — 옮긴이) 단계적인 역치(閾値. 감각세포에 흥분을 일으킬 수 있는 최소의 자극의 크기 — 옮긴이)가 존재할 터인데, 비코이드의 그러데이션에 대해 계단 모양으로 응답하며 각각 분화를 시작한다. 그것이 결과적으로 구더기의 각 분절을 형성하는 것이다.

한편 비코이드의 그러데이션을 럭비공의 등 쪽이라 보면 확산은 세로 방향뿐 아니라 좌우로도 균등하게 이루어진다. 이것이 분화 시그널의 좌우 대칭성을 부여하게 된다.

이런 현상을 직접 확인하면 생물이 나타내는 형태 형식의 근거에는 분자의 확산에서 비롯되는 그러데이션이나 그 공간적인 확대 등 일정한 물리학적인 규칙이 있다는 것을 알 수 있다.

이는 결코 불규칙한 시행과 환경에 의한 선택으로 이루어지는 게 아니다. 그런 도태 작용보다도 하위 차원에서 미리 결정되는 것이다. 불규칙성은 오히려 그때의 원자나 분자의 행위에 있으며, 그 안에서 어떻게 질서가 창출되느냐가 문제가 된다. 이를 위한 대전제로서 슈뢰딩거가 아주 적절하게 간파했듯이 생물은 원자에 비해 압도적으로 커야 할 필요성이 있는 것이다.

## 생명은 어떻게 동적인 질서를 유지하는가

그러나 이는 어디까지나 문제의 본질에 대한 전제에 불과하다. 생명은 자신을 물리학적인 틀에 맞추면서도 그 열운동에 몸을 맡기고만 있는 것은 아니며, 거기서 복잡한 질서를 창출하고 있다. 그 질서의 형태가 조개껍데기와 자갈을 엄격하게 구분 짓는 것이다. 게다가 살아 있는 조개는 성장함에 따라 그 껍데기 문양도 더 확장된다. 즉 그 질서는 동적이라 할 수 있다.

물론 슈뢰딩거도 이 사실을 잘 알고 있었다. 확산은, 확산 도중에는 그러데이션이라는 정보를 만들어내지만, 결국은 일정하게 퍼져 평균 상태에 도달한다. 이는 물질의 그러데이션뿐 아니라 온도의 분포, 에너지의 분포, 혹은 화학적 잠재성(chemical potential)이라 불리는 반응성의 경향도 신속하게 그 차이가 좁혀지면서 균일화된다. 물리학자들은 이를 열역학적 평형 상태 혹은 최대 엔트로피 상태라고 부른다. 말하자면 그 세계의 죽음이다. 물리학자들은 자신들이 다루는 세계를 종종 '계(系, system)'라 부른다.

엔트로피란 난잡함(불규칙성)을 나타내는 척도다. 모든 물리학적 과정에는 물질의 확산이 균일한 불규칙 상태에 이르도록 최대 엔트로피의 방향으로 움직이고, 거기에 도달함으로써 끝난다. 이를 최대 엔트로피의 법칙이라 부른다.

그러나 생물은 자기 힘으로는 움직이지 못하는 '평형' 상태를 벗어난 것처럼 보인다. 물론 생물에도 죽음이 있고, 그것은 말 그대로 생명이라는 시스템의 죽음, 최대 엔트로피의 상태인 것이다. 그러나 생명은 보통의 무생물적인 반응 시스템이 최대 엔트로피 상태가 되는 것보다 훨씬 긴 시간, 적어도 사람의 경우라면 수십 년 동안 열역학적 평균 상태에 빠지는 경우는 없다. 그동안에도 생명은 성장하고 자기를 복제하고 상처나 질병을 회복시키고 더 오래 산다.

즉 생명은 '현존하는 질서가 그 질서 자체를 유지하는 능력과 질서 정연한 현상을 새로 창출하는 능력을 갖고 있다'는 말이 된다.

이런 일이 어떻게 가능할까? 슈뢰딩거는 이 의문에 대해 구체적인 메커니즘을 제시하지는 못했다. 그러나 그는 다음과 같이 예언했다.

생명에는 지금까지 물리학이 알고 있었던 계통적인 법칙과는 전혀 다른 원리가 존재함이 틀림없다. 그러나 그 시스템은 생명력이라는 비물리학적이고 초자연적인 것은 아니다. 그것은 우리가 아직 모르는 새로운 '장치'다. 그러나 그것도 알고 보면 물리학적인 원리를 따르고 있을 것이다. 증기기관밖에 모르는 기사가 처음으로 전기 모터를 봤을 때와 같은 이치일지도 모른다. 스위치를 누르기만 하면 순식간에 모터가 돌아가지만, 그는 그것이 유령의 짓이라고는 생각하지 않는다. 모터를 분석해서 살펴보면 거기에는 긴 구리 선이 코일 모양으로 감겨 있고, 그것이 회전함으로써 증기기관과 마찬가지로 운동에너지가 생긴다는 것을 깨달을 것이다. 즉 모터라는 장치에 대해서는 아는 바가 없지만 거기에 사용된 원리는 기존의 물리학 범주에 들어가는 것이며, 기사는 지금 자신이 그것을 규명하기 위한 출발점에 서 있는 것이라고 생각할 것이다.

슈뢰딩거는 더 이상의 것은 말하지 않았다.

대신 그는 생명이 엔트로피 증대의 법칙을 거스르고 질서를 구축할 수 있는 방법으로서 '부(負)의 엔트로피'라는 개념을 제시했다. 엔트로피가 불규칙성의 척도라면 부의 엔트로피란 불규칙성의 반대, 즉 '질서' 그 자체인 것이다.

살아 있는 생명은 끊임없이 엔트로피를 늘린다. 즉 죽

음의 상태를 의미하는 최대 엔트로피라는 위험한 상태로 다가가는 경향이 있다. 생물이 그런 상태에 빠지지 않게 하는, 즉 생존하기 위한 유일한 방법은 주변 환경으로부터 '부의 엔트로피=질서'를 섭취하는 것이다. 실제로 생물은 항상 부의 엔트로피를 '먹음'으로써 살아 있을 수 있다.

슈뢰딩거는 다음과 같이 말함으로써 이것이 단순한 비유가 아니라고 했다.

사실 고등동물의 경우는 그들이 질서 정연한 것들을 먹이로 삼고 있다는 것을 우리는 잘 알고 있습니다. 즉 많든 적든 복잡한 유기화합물의 형태를 띠고 있는 아주 질서 정연한 상태의 물질이 고등동물의 먹이로 유용하게 사용되고 있는 것입니다. 그것이 동물 먹이로 이용되면 한참 더 질서가 무너진 형태로 변합니다.

슈뢰딩거는 이 부분에서 오류를 범했다. 이 생각은 너무 순진했던 것이다. 사실 생명은 부의 엔트로피를 위해 음식물에 함유된 유기 고분자의 질서를 섭취하고 있는 것이 아니다. 생물은 소화 과정에서 단백질이든 탄수화물이든 유기 고분자에 함유되어 있을 질서를 잘게 분해하여 거기에 함유된 정보를 아낌없이 버린 후에야 흡수한다. 왜냐하면 그 질서란 것은 다른 생물의 정보에 들어있던 것이며 자기 자신에게는 노이즈가 될 우려가 있기 때문이다.

하지만 슈뢰딩거의 성찰 중에 섭취가 엔트로피의 증대를 거스르는 힘을 창출한다는 부분은, 그의 인식 수준에도 불구하고 아주 정확한 지적이었다. 그 의미와 구조를 명확히 하기 위해서는 그와 동시대의, 그러나 이 세상에는 존재하지 않았던 또 한 명의 고독한 천재, 루돌프 쉰하이머에 대해 말하지 않을 수 없다.

**제9장**

# 동적평형이란 무엇인가

## 사상누각

한참을 들어가도 수심이 얕은 해변. 모래사장이 완만한 활 모양으로 펼쳐져 있다. 바다 표면을 타고 불어오는 바람이 강하다. 하늘이 바다에 녹고, 바다가 육지와 만나는 지점에는 생명의 신비를 풀 수 있는 어떤 파편들이 흩어져 있을 것만 같다. 그래서 가끔은 우리들의 몽상도 여기서부터 흔들리고, 여기로 돌아온다.

모래로 만들어진 치밀한 구조의 그 성은 파도가 밀려왔다가 밀려가는 바로 그 위치에 있다. 때로 파도는 손을 깊숙이 뻗어 성벽 발치까지 다가와 벽돌처럼 쌓아놓은 모래알들을 빼앗아 간다. 거센 바닷바람은 성 망루 표면의 마른 모래를 조금씩, 그러나 끊임없이 갉아먹는다. 그

러나 이상하게도 시간이 흘러도 성의 모습은 변하지 않
는다. 처음 모양 그대로 그곳에 있다. 아니, 정확히 말하
자면 모습을 바꾸지 않은 것처럼 보일 뿐이다.

모래성이 그 모습을 유지하는 데는 그만한 이유가 있
다. 눈에는 보이지 않는 작은 바다의 정령들이 끊임없이
그리고 쉼 없이 쓸려 나간 모래 위에 새로운 모래를 쌓
아주고, 뻥 뚫린 구멍을 메워주며, 무너진 곳을 고쳐주고
있기 때문이다. 뿐만 아니다. 바다의 정령들은 오히려 파
도나 바람을 앞질러 가서는 무너질 것 같은 곳을 먼저 무
너뜨리면서 앞장서 수리와 보강을 하고 있다.

그런 이유로 몇 시간 후에도 모래성은 형태를 유지한
채 그곳에 서 있을 수 있는 것이다. 아마 여러 날이 지나
도 그 성은 그곳에 존재할 것이다.

그러나 중요한 사실이 있다. 지금 이 모래성 안에는 며
칠 전에 이 성의 형태를 만들었던 모래들은 단 한 톨도
남아 있지 않다는 점이다. 전에 그곳에 쌓여 있던 모래는
모두 파도와 바람이 앗아가 바다와 육지로 되돌려 놓았
고, 지금 이 성을 이루고 있는 모래는 이곳에 새로 온 녀
석들이다. 즉 모래는 완전히 바뀐 상태다.

그리고 모래의 흐름은 지금도 계속되고 있다. 그럼에
도 불구하고 성은 분명히 존재한다. 즉 여기 있는 것은

실체로서의 성이 아니라 흐름이 만들어낸 '효과'에 의해 여기에 있는 것처럼 보일 뿐인 동적인 무엇인 것이다.

한마디 덧붙이자면, 자기들은 그 사실을 깨닫지 못하고 있지만, 모래성을 끝없이 분해하고 동시에 재구성하는 바다의 정령들 역시 모래로 만들어져 있다. 그리고 매 순간 몇몇은 원래의 모래로 돌아가고 몇몇은 새로운 모래알에 의해 만들어진다. 정령들은 모래성의 파수꾼이 아니라 그 일부인 것이다.

물론 이것은 비유다. 그러나 모래를 자연계를 대순환하는 수소, 탄소, 산소, 질소 등의 주요 원자로, 바다의 정령을 생체반응을 관장하는 효소나 기질(基質)로 바꿔 생각한다면 이 모래성은 생명이라는 존재의 본질을 정확하게 기술하는 비유가 된다. 생명이란 요소가 모여 생긴 구성물이 아니라 요소의 흐름이 유발하는 효과인 것이다.

이는 간단한 이야기지만, 우리가 진정한 의미에서 이 전환적인 생명관을 발견한 것은 그리 오래되지 않았다. '우리들'이라는 표현은 물론 공평치 못하다. 정밀한 실험을 통해 이 거시적인 현상을 미시적인 해상력으로 증명한 것은 루돌프 쉰하이머라는 인물이며, 때는 1930년대 후반이었다. 즉 우리가 아주 새로운 생명관과 조우한 지 아직 70년 정도밖에 지나지 않았다는 뜻이다. 그러나 우리는 아직도 그가 밝힌 의미를 충분히 이해하고 있지 못하다. 심지어 우리는 그의 이름과 업적을 잊어가기까지 한다.

## 쇤하이머의 아이디어

해변으로 밀려드는 그 파도가 우연히 딱 한 번 모래 대신에 연한 분홍색의 산호 가루를 싣고 왔다고 치자. 바다의 정령들은 모래알과 산호 가루를 구별하지 못하고 그 산호 가루를 이용해서 모래성을 보수하였다. 깎여 나간 벽, 뻥 뚫린 구멍, 무너진 자리에 모래 대신에 산호를 채워 넣었다. 그러면 어떻게 보일까?

모래성은 마치 달마시안처럼 곳곳에 분홍색 반점이 박힌 모습일 것이다. 그러나 이때 우리가 주의 깊게 봐야 할 것은 모양 그 자체가 아니라 모양이 흐르는 모습과 그 속도다.

산호 가루를 운반해 온 파도는 다음부터는 여느 때처럼 보통의 평범한 모래를 실어 올 것이다. 바다의 정령들은 묵묵히 자신들의 작업을 계속한다. 깎여 나간 벽, 뻥 뚫린 구멍, 무너진 자리에 모래를 채운다. 그러면 산호 가루로 만들어진 분홍색 반점은 잠시 동안 그 자리에 머물렀다가 결국 나중에 실려 온 모래에 자리를 내주게 된다. 즉 산호가 만들어낸 모양은 성에서 빠져나가고 성의 일부로 남지는 않는다.

그리고 이는 산호 가루에만 국한된 얘기가 아니다. 모든 모래 한 톨 한 톨에 대해서도 적용된다. 모래는 어느 순간, 성 어느 곳의 일부였다가 다음 순간에는 성에서 흘러내리고 나중에 실려 온 모래가 그 자리를 차지한다. 마치 너무나 맑아 흐르는 모습이 잘 보이지 않는 계곡물에 잉크를 떨어뜨린 것처럼 산호 가루는 그 흐름과 속도를 가시화해주었을 뿐이다.

쉰하이머에게 분홍색 산호 가루는 동위체였다. 그가 막 연구를 시작하기 전에 수소, 탄소, 질소 등의 주요 원자에는 동위체(同位體, isotope)라 불리는 것이 존재한다는 사실이 밝혀졌고, 실제로 그것을 인공적으로 만들 수 있게 되었다.

질소는 원자번호가 7인 원소다. 보통 질소 원자의 원자핵에는 양자가 일곱 개, 마찬가지로 중성자가 일곱 개 포함되어 있고, 그 무게(질량수)는 양자와 중성자의 합, 즉 14로 표기된다. 그런데 자연계에 존재하는 방대한 수의 질소 원자 중에는 아주 미량이기는 하지만 변종이 존재하며, 원자핵에 양자가 일곱 개, 중성자가 여덟 개 존재하는 것도 있다. 이 변종 질소의 질량수는 15가 된다. 이 것이 중질소(重窒素)다. 질소로서 화학적 성질에는 이상이 없지만, 약간 무겁다. 일반적인 질소(14N)와 중질소(15N)는 질량분석계를 이용하여 분간할 수 있다.

쉰하이머는 이 중질소를 산호로, 즉 표시를 해서 '추적자'로서 생물 실험에 이용하고자 하는 획기적인 아이디어를 생각해냈다.

단백질을 구성하는 아미노산에는 모두 질소가 함유되어 있다. 한번 먹어버리면 보통 그 아미노산은 체내의 아미노산과 헷갈려서 행방을 좇을 길이 없다. 그러나 중질소를 아미노산의 질소 원자로 삽입하면 그 아미노산은 식별할 수 있게 된다. 산호는 색이 다르기 때문에 어디서 와서 어디로 가는지 추적할 수 있다. 이처럼 무게가 다른 중질소를 함유한 아미노산을 계속 추적할 수 있는 것이다.

## 중질소의 행방

이리하여 대발견을 위한 준비가 끝났다. 일반 사료를 먹여 키운 실험 쥐에 아주 짧은 기간 동안 중질소로 표시된 로이신이라는 아미노산을 함유한 사료를 먹였다. 파도가 산호 입자를 운반해 온 것이다. 그다음, 쥐를 죽이고 모든 장기와 조직을 대상으로 중질소의 행방을 찾았다. 한편 쥐의 배설물까지 모두 회수하여 추적자의 수치를 산출했다.

　여기서 사용된 쥐는 성숙한 어른 쥐였다. 여기에는 이유가 있다. 만약 성장 도중에 있는 어린 쥐라면 섭취한 아미노산은 당연히 신체의 일부로 편입될 것이다. 그러나 성숙한 쥐라면 이제 더 이상 자랄 필요가 없다. 사실 성숙한 쥐의 체중은 거의 변화가 없다. 쥐는 필요한 만큼만 섭취하고 그 먹이는 생명 유지를 위한 에너지원으로 연소된다. 그러므로 섭취한 중질소 아미노산도 금방 연소될 것이다. 당초에 쇤하이머는 이렇게 예상했다. 당시의 생물학계도 마찬가지였다. '아미노산이 연소되고 남은 찌꺼기에 함유된 중질소는 모두 소변으로 배출될 것이다'라고.

　그러나 실험 결과는 그의 예상을 완전히 빗나가는 것이었다.

　중질소로 표시된 아미노산은 사흘 동안 투여되었다. 그동안 소변으로 배설된 것은 투여량의 27.4퍼센트, 약 3분의 1에 조금 못 미치는 양뿐이었다. 변으로 배출된 것은 겨우 2.2퍼센트이므로 대부분의 아미노산은 쥐 체내의 어딘가에 머물러 있다는 얘기가 된다.

그렇다면 남은 중질소는 도대체 어디로 간 것일까? 답은 단백질이었다. 투여된 중질소 가운데 무려 절반 이상인 56.5퍼센트가 몸을 구성하는 단백질 속으로 흡수되어 있었다. 게다가 그 흡수된 곳을 조사해보니 온몸 이곳저곳에 분산되어 있는 것이 아닌가. 특히 흡수율이 높은 것은 장벽, 신장, 비장, 간 등의 장기와 혈청(혈액 중의 단백질)이었다. 당시에 가장 많이 소모될 것으로 생각되던 근육 단백질은 아주 미량의 중질소만을 흡수했다.

실험 기간 중 쥐의 체중은 변하지 않았다. 이는 도대체 무엇을 의미하는 것일까?

단백질은 아미노산이 염주처럼 연결되어 생긴 생체고분자이며 효소나 호르몬의 작용을 하거나 세포의 운동과 형태를 형성·유지하는 가장 중요한 물질이다. 그리고 하나의 단백질을 합성하려면 일일이 하나부터 아미노산을 연결하지 않으면 안 된다. 즉 중질소를 함유한 아미노산이 외부에서 쥐의 체내로 들어가고, 그것이 단백질로 흡수된다는 것은 원래 존재하고 있던 단백질의 일부에 중질소 아미노산이 삽입된다—목걸이의 한 부분을 열어 새로운 구슬 한 개를 끼워 넣는 것처럼—는 뜻이 아니다. 중질소 아미노산을 투여하자마자 눈 깜짝할 사이에 그것을 함유한 단백질이 쥐의 온갖 조직에서 발견된다는 것은 무서울 정도로 빠른 속도로 다수의 아미노산이 결합하여 새로운 단백질이 만들어졌다는 얘기다.

더 중요한 사실이 있다. 쥐의 몸무게가 증가하지 않았다는 것은 새로 만들어진 단백질과 같은 양의 단백질이 분명 빠른 속도로 낱개의 아미노산으로 분해되어 체외로 빠져나갔음을 의미한다.

즉 쥐를 구성하고 있던 몸의 단백질은 겨우 사흘 만에 식사를 통해 섭취한 아미노산의 약 50퍼센트에 의해 완전히 바뀌었다는 뜻이다.

만약 중질소 아미노산을 사흘간 투여한 다음, 이번에는 보통 아미노산으로 된 먹이를 준다면 당시 체내 단백질의 일부였던 중질소 아미노산이 거의 쥐의 몸으로부터 체외로 빠져나가는 모습을 관찰할 수 있을 것이다. 즉 모래성이 그 형태가 바뀌지 않았는데 내부의 모래알은 바뀌는 것과 같은 현상이 여기서도 일어나고 있는 것이다.

## 다이내믹한 '흐름'

또한 쇤하이머는 투여한 중질소 아미노산이 신체의 단백질 가운데 동종의 아미노산과 교체가 된 것인지를 확인해보았다. 즉 로이신이 로이신 자리에 들어간 것인지를 조사한 것이다.

쥐 조직의 단백질을 회수하여 그것을 가수분해하여 낱개의 아미노산으로 만들었다. 스무 종의 아미노산을 그 성질의 차이에 따라 한 번 더 분류한 뒤, 각 아미노산에 중질소가 함유되어 있는지를 질량분석계로 분석했다.

확실히 실험 후, 쥐의 로이신에는 중질소가 함유되어 있었다. 그러나 중질소를 함유하고 있는 것은 로이신뿐이 아니었다. 다른 아미노산, 즉 글리신, 티로신, 글루타민산 등에도 중질소가 함유되어 있었다.

체내로 흡수된 아미노산(이 경우는 로이신)은 더 잘게 분해되고 다시 재분배되어 각 아미노산을 재구성하고 있었던 것이다. 그것이 하나하나 단백질을 구성하게 되는 것이다. 즉 끊임없이 분해되면서 재구성되고 있는 것은 아미노산보다 하위 단위인 분자인 셈이다. 이는 정말 놀라운 사실이었다.

외부에서 들어온 중질소 아미노산은 끊임없이 분해되고 재구성되면서 쥐의 온몸 구석구석을 돌아다니고 있는 것이다. 그런데 돌아다닌다는 표현은 정확하지는 않다. 왜냐하면 거기에는 물질이 뚫고 '돌아다닐' 만한 용기(容器)가 있는 게 아니라, 물질 자체가 용기라 불리는 것 자체를 형성했을 뿐이기 때문이다.

즉 여기에 존재하는 것은 흐름, 그 자체뿐이다.

우리는 자신의 표층, 즉 피부나 손톱이나 모발이 끊임없이 생성되면서 옛것을 밀어내는 것을 본다. 그러나 이런 현상이 표층에서만 일어나는 것은 아니다. 신체의 모든 부위, 장기나 조직에서뿐 아니라 언뜻 고정된 구조처럼 보이는 뼈나 치아에서조차 그 내부에서는 끊임없는 분해와 합성이 반복되고 있다.

새것으로 대체되는 것은 단백질뿐만이 아니다. 저장물로 인식되던 체지방조차 다이내믹한 '흐름'의 한가운데에 있다. 체지방에는 질소가 함유되어 있지 않다. 그래서 쇤하이머는 수소의 동위체(중수소)를 사용하여 지방의 움직임을 조사해보았다. 쇤하이머는 논문에 이렇게 썼다.

(에너지가 필요한 경우) 섭취된 대부분의 지방은 연소되고 극히 일부만이 체내에 축적된다고 우리는 예상했다. 그런데 아주 놀랍게도 동물은 체중이 감소할 때조차도 소화·흡수된 지방의 대부분을 체내에 축적하고 있었다.

그때까지 지방 조직은 여분의 에너지를 저장하는 창고로 인식되어왔다. 대량으로 섭취되면 그곳에 쌓아두고 부족하면 내보낸다고. 그런데 동위체 실험 결과는 전혀 달랐다. 저장고 밖에서 수요와 공급의 원칙이 균형을 이룰 때 조차도 내부 재고품은 밖으로 운반되었고, 한편 새로운 체지방이 들어왔다. 지방 조직은 놀라운 속도로 내용물을 바꾸면서 외관상 쌓여 있는 척하는 것이었다. 모든 원자는 생명체 내부를 흐르며 빠져나가고 있는 것이다.

우리는 종종 오랜만에 만난 친구와 인사할 때 "여전하네"라는 말을 하는데, 반년 혹은 1년 정도 만나지 않았다면 분자 차원에서 우리는 완전히 다른 사람이 되어, 너무나도 여전하지 않은 게 되고 만다. 이미 당신 내부에는 과거 당신의 일부였던 원자나 분자는 존재하지 않으니 말이다.

육체라는 것을 우리는 외계와는 격리된 개별적인 존재로 느낀다. 그러나 분자 차원에서는 꼭 그렇다고만은 할 수 없다. 우리들 생명체는 우연히 그곳에 밀도가 상승하고 있는 분자 '덩어리'일 뿐이다. 그리고 그것은 빠른 속도로 대체되고 있다. 그 흐름 자체가 '살아 있다'는 증거이며 항상 외부로부터 분자를 흡수하지 않으면 빠져나가는 분자와 수지가 맞지 않게 된다.

가령 우리가 단식을 하면 외부로부터 '흡수'는 되지 않는데 내부에서는 '배출'이 끊임없이 일어난다. 몸은 가능한 한 그 손실을 막으려고 하지만 '흐름'의 이치에 역행할 수는 없다. 우리들 몸의 단백질은 서서히 날아간다.

따라서 기아로 인한 생명의 위험은 에너지 부족보다는
단백질 결핍에 더 큰 영향을 받는 것이다. 에너지는 체지
방으로서 축적되어 있기 때문에 어느 정도 기아에 대비
할 수 있지만 단백질은 그럴 수가 없다.

쉰하이머는 자신의 실험 결과를 근거로 이를 '신
체 구성 성분의 동적인 상태(The dynamic state of body
constituents)'라 불렀다. 그는 이렇게 말했다.

생물이 살아 있는 한 영양학적 요구와는 무관하게 생체고
분자든 저분자 대사물질이든 모두 변화하지 않을 수 없
다. 생명이란 대사의 계속적인 변화이며, 그 변화야말로
생명의 진정한 모습이다.

새로운 생명관이 탄생하는 순간이었다.

## 끊임없이 파괴되는 질서 — 동적평형

생명이란 무엇인가? 그것은 자신을 복제하는 시스템
이다. DNA라는 자기 복제 분자의 발견을 계기로 우리는
생명을 그렇게 정의했다.

나선형으로 꼬여 있는 두 가닥의 DNA 사슬은 서로를

상보적으로 복제함으로써 자신을 복제한다. 그리하여 지극히 안정된 형태로 DNA 분자 내부에 정보가 보존된다. 이것이 생명의 영속성을 가능하게 한다. 그것은 분명 사실이다.

그러나 우리가 해변의 모래사장에서 작은 조개껍데기를 주웠을 때 거기서 생명의 흔적을 느낄 수 있는 것은, 그리고 조개껍데기가 같은 장소에 같은 모양으로 흩어져 있는 자갈과는 전혀 다른 존재임을 확신할 수 있는 것은, 거기서 생명의 제1차적인 특징인 자기 복제를 느꼈기 때문일까? 아마 그렇지 않을 것이다.

자기 복제가 생명을 정의하는 주요 개념인 것은 확실하지만 우리들의 생명관에는 다른 믿음이 있다. 비록 우리가 말로는 표현하지 못해도 선명한 조개껍데기 장식에는 질서의 미학이 있고, 그 질서는 끊임없는 흐름에 의해 만들어진 동적인 것임을 느끼고 있는 것이다.

쉰하이머는 1941년, 스스로 목숨을 끊었다. DNA의 이중나선 구조가 밝혀지기 전이었다. 그러나 그는 생명을 구성하는 분자는 그것이 어떤 것이든 흐름의 이치에서 벗어날 수 없음을 알고 있었을 것이다.

현재 우리는 뇌세포의 DNA조차 불변의 존재가 아니라는 사실을 알고 있다. 뇌세포는 형성된 후 극히 일부의 예외를 제외하고는 평생 분열도 증식도 하지 않는다고 알려져 있다. 즉 뇌에서는 DNA가 자기 복제를 할 기회가 없는 것이다.

그렇다면 뇌세포의 DNA는 완전 불변의 존재이며 사람이 태어나서 죽을 때까지 동일 원자로 구성된 채로 꼼짝 안 하고 있다는 말인가? 그렇지 않다. 뇌세포는 그야말로 파도에 노출된 모래성이다. 그 내부에서는 항상 분자와 원자의 교환이 이루어지고 있다.

뇌세포의 DNA를 구성하는 원자는 오히려 증식하는 세포 DNA보다도 잦은 빈도로 부분적인 분해와 회복을 반복한다. 태어나서 죽을 때까지, 모래성은 계속하여 분자가 대체되는 흐름 속에서 완전히 새로운 모습이 된다.

DNA의 발견자인 오즈월드 에이버리도, 그 구조를 밝힌 제임스 왓슨과 프랜시스 크릭, 그리고 로절린드 프랭클린도 충분히 의식하지 못했던 DNA의 동적인 모습이 여기에 있다. 끊임없이 원자의 난잡한 행위와 질서의 유지에 대해 성찰해왔던 에르빈 슈뢰딩거 역시 여기까지는 생각하지 못했다. 오직 한 명, 루돌프 쇤하이머만이 그 비밀을 깨달았다.

질서는 유지되기 위해 끊임없이 파괴되지 않으면 안 된다.

왜일까? 슈뢰딩거의 예언을 떠올려보자. 1944년, 췬하이머 사후 3년 만에 출판된 슈뢰딩거의 《생명이란 무엇인가》에서 그는 모든 물리 현상에서 나타나는 엔트로피 (난잡함) 증대의 법칙에서 벗어나 질서를 유지할 수 있다는 것이 생명의 특질임을 지적했다. 그러나 그 특질을 실현시키는 생명 고유의 메커니즘을 증명하지는 못했다.

엔트로피 증대의 법칙은 예외 없이 생명체를 구성하는 성분에도 적용된다. 고분자는 산화되면서 분단된다. 집합체는 흩어지고 반응은 일정치 않다. 단백질은 손상을 입으며 성질이 변한다. 그러나 만약 결국은 붕괴하게 될 구성 성분을 일부러 미리 분해함으로써 그런 난잡함이 축적되는 속도보다 항상 빠르게 재구축을 할 수 있다면, 결과적으로 그 시스템은 증대하는 엔트로피를 시스템 외부로 버리는 것이 된다.

즉 엔트로피 증대의 법칙에 항거할 수 있는 유일한 방법은 시스템의 내구성과 구조를 강화하는 것이 아니라, 오히려 그 시스템 자체를 흐름에 맡기는 것이다. 다시 말해 흐름만이 생물 내부에서 필연적으로 발생하는 엔트로피를 배출하는 기능을 하는 것이다.

나는 여기서 췬하이머가 발견한 생명의 동적인 상태 (dynamic state)라는 개념을 한층 더 확장하여 동적평형이라는 단어를 도입하고자 한다. 이 말에 대응하는 영어는 '다이내믹 이퀼리브리엄(dynamic equilibrium)'이다. 나는 앞에서 해변에 서 있는 모래성은 그곳에 실체로서 존재하는 것이 아니라, 흐름이 만들어낸 효과로서 그곳에 존재하는 동적인 무언가라고 말했다. 그 무언가란 바로 평형이다.

자기 복제를 하는 존재로 정의된 생명은, 쇤하이머의 발견에 다시 한번 빛을 비춤으로써 다음과 같이 재정의 될 수 있다.

**생명이란 동적평형 상태에 있는 흐름이다.**

그러면 곧 이런 질문이 떠오를 것이다. 끊임없이 파괴되는 질서는 어떻게 그 질서를 유지하는 것일까? 그것은 곧 흐름이 계속되면서도 어떻게 하여 그러한 일종의 균형 잡힌 시스템을 확보하는가, 즉 어떻게 평형 상태를 취할 수 있는가를 묻는 질문이다.

# 제10장
# 단백질의 가벼운 입맞춤

## 그림 없는 지그소 퍼즐

힘들게 지그소 퍼즐을 끼워 맞추다가 이제 한 조각만 끼우면 완성이다 싶은데, 그 중요한 마지막 한 조각이 사라졌다면? 당신은 혈안이 되어 주변을 샅샅이 뒤지고 다닐 것이다. 조각을 담아두었던 종이 상자의 접힌 부분, 방석 밑, 읽다 만 책의 책장 사이…… . 아무리 찾아도 보이지 않는다. 심한 불안감이 당신을 엄습한다.

사실 이런 경우는 지그소 퍼즐광이라면 종종 있을 수 있는 일이다. 일본의 대형 지그소 퍼즐 회사인 '야노만'은 인터넷에 다음과 같이 광고하고 있다.

우리 회사에서는 분실된 조각을 무상 제공하고 있습니다

(일부 어린이 전용 퍼즐은 제외됩니다).

상품에 동봉된 조각 청구 엽서에 내용을 기입하신 후 우체통에 넣어주세요. 또한 엽서가 없는 경우에는 주변 여덟 조각을 떼어내어 망가지지 않도록 랩 등으로 감싸 봉투에 넣고 제품번호, 상품명, 청구하는 조각의 위치를 명기하신 후 아래 주소로 보내주시기 바랍니다.

그리고 조각을 찾는 데 2주의 시간이 소요됩니다.

또한 어린이용 판 퍼즐(두꺼운 종이 액자 안에 조각을 채우는 어린이용 퍼즐)은 한 명당 두 조각까지 보내드리고 있습니다. 하지만 이미 생산이 중단되었거나 기간이 오래 경과한 제품은 보내드리지 못하는 경우도 있으니 양해 부탁합니다.


대형 지그소 퍼즐이라면 조각이 수천 개에 이른다. 그러나 조각의 요철(凹凸) 모양은 모두 다 묘하게 달라 같은 모양은 하나도 없다. 이런 독자적인 조각이 야노만사 공장에서 어떤 기계에 의해, 어떤 방법으로 만들어지는지 상당히 궁금하지만 그걸 알아보는 것은 다음 기회로 미루기로 하고, 위의 글에서 가장 중요한 포인트는 '주변 여덟 조각을 떼어내어 망가지지 않도록 랩 등으로 감싸 봉투에 넣고'라는 부분이다.

이는 그 그림이 어떤 모양의, 어떤 장소의 조각이라도

**조각의 모양을 알아내는 방법**
하나의 조각과 맞물리며 그 형태를 규정
하는 것은 사실 상하좌우에 있는 조각이
다. 그러나 그 네 조각의 상대적인 위치
를 연결하여 고정시키기 위해 네 귀퉁이
에 들어갈 네 조각이 더 필요하다.

여덟 개의 조각에 의해 둘러싸인 공극(空隙)만 있으면 비
어 있는 나머지 한 조각의 형태를 알 수 있다는 말이다.

우리는 우선 퍼즐 조각 더미 속에서 그림의 '테두리'
부분을 구성하는 조각, 즉 직선 부분이 있는 조각을 골라
내어 말 그대로 테두리를 만든다. 다음에 같은 모양인가,
같은 색깔인가를 봐가며 조각을 분류하고 부분 부분을
만들어간다. 이것이 지그소 퍼즐을 맞추는 방법이다. 그
러나 이러한 기술은 어디까지나 '효율적'으로 퍼즐을 맞
추는 방법에 불과하다.

지그소 퍼즐을 맞추는 데 본질적으로 그림이 필수적
이지는 않다. 자폐증을 앓고 있는 어떤 아이는 지그소 퍼
즐을 뒤집어놓은 채로도 놀라울 정도로 빠른 속도로 맞
출 수 있다고 한다. 뿐만 아니라 실제로 그림 없는 지그
소 퍼즐도 존재하고, 딱딱한 크리스털로 만들어진 투명

한 지그소 퍼즐도 있다. 그림 없이 형태만 있는 지그소 퍼즐이 그려내는 곡선은 예술적이기까지 하다.

　비록 그림은 없지만 조각은 하나하나가 독자적인 형태를 갖고 있기 때문에 그 주변을 둘러싸는 조각 또한 하나씩밖에 없다. 어떤 조각을 고르고, 그 조각에 맞을 만한 조각을 모든 조각들 중에서 일일이 찾아 넣어본다면, 그리고 이 방법을 반복한다면 지그소 퍼즐의 네트워크는 필연적으로 구성될 것이다.

　즉 전체적인 그림을 상정하면서 퍼즐을 맞추는 조감적 시점, 말하자면 '신의 눈'은 지그소 퍼즐의 외부에 있을 뿐, 그 내부에 존재할 필요는 없는 것이다. 퍼즐 조각은 전체를 전혀 알지 못하더라도 전체에서 차지하는 자신의 위치를 알 수 있다.

## 단백질의 형태

　여기에 존재하는 규칙의 기본은 '형태의 상보성'이다. 한 지그소 퍼즐 조각의 형태는 비록 우연히 그런 형태로 태어났다 하더라도 필연적으로 인접하는 조각의 형태를 규정한다.

　우리는 이미 생명현상이 선택한 이 상보적인 원리를

본 적이 있다. DNA의 이중나선. 그들은 서로가 상대의 형태를 규정하면서 쌍을 형성한다. 그 쌍은 염기라 불리는 네 종의 조각 가운데 한 쌍씩 두 커플이 마치 레고를 맞추듯 결합함으로써 성립되고, 이것이 DNA 나선의 '계단'으로서 아래에서 위로 계속 이어지고 있다.

만약 이런 상보성이 2차원적 혹은 3차원적으로 더욱 확대된다면 질서 잡힌 커다란 네트워크가 존재하게 될 것이다. 그리고 실제로 그런 네트워크가 존재한다.

관념론적으로 얘기하고 있는 게 아니다. 나는 이를 실제론적으로 기술할 수 있다. 생명에서 지그소 퍼즐 조각은 쉰하이머가 증명한 대로 끊임없는 분해와 합성에 노출되어 있는 단백질이다. 생명 내부에는 대략 2만 수천 종의 단백질이 있으며 그들은 각각 고유의 형태를 갖고 있다. 해변의 모래성을 만들었던 모래알에는 미시적인 눈으로만 볼 수 있는 요철(凹凸)이 있고, 그들은 서로의 파트너를 찾아 자신이 들어가야 할 장소에 들어가 있었던 것이다.

단백질이란 아미노산이라는 구성 단위가 염주처럼 연결된 형태라는 것은 앞에서도 말했다. 염주의 구슬 수는 수십에서 수백, 경우에 따라서는 수천 개에 이른다. 모든 것은 그 결합 순서에 따라 결정된다.

염주, 즉 아미노산은 스무 종 이상 존재한다. 작은 아미노산에서 큰 아미노산, 플러스 전하를 갖는 아미노산과 마이너스 전하를 갖는 아미노산, 수용성 아미노산과 물에 잘 녹지 않는 아미노산. 스무 종의 아미노산은 각각 조금씩 다른 화학적 성질을 갖는다. 아미노산이 두 개만 연결되어도 그 결과 생길 수 있는 순열은 20×20=400가지나 된다.

아미노산이 수백 개 연결되어 생성되는 어떤 한 단백질은 천문학적인 조합의 가능성을 뚫고 선발된 것도 있다.

그 단백질의 어떤 부분에는 수용성 아미노산이 연속적으로 연결되어 있다. 또 어떤 부분에는 물에 잘 녹지 않는 아미노산이 연속적으로 연결되어 있기도 하다. 모든 단백질은 세포 내부의 '수중'에서 만들어지므로 다양한 아미노산이 연결되어 생긴 한 개의 단백질 사슬의 내부에는 온갖 싸움이 일어난다. 수용성 아미노산 부분은 가능한 한 단백질의 바깥쪽(세포 내부의 물과 접하는 부분)으로 나가려 하고, 물에 잘 녹지 않는 아미노산은 가능한 한 단백질의 내부에 웅크린 채로 바깥쪽의 물로부터 도망치려 한다. 플러스 전하를 갖는 아미노산은 마이너스 전하를 갖는 아미노산과 쌍을 이루려 한다. 덩치 큰 아미노산들 사이의 좁은 공간에는 작은 아미노산밖에 들어갈 수 없다.

그러나 모든 아미노산은 마치 염주처럼 한 가닥의 사슬로 연결되어 있으므로 뿔뿔이 흩어질 수는 없다. 필연적으로 사슬은 밀치락달치락한 결과 가장 균형 잡힌 상태로 자리를 잡는다. 균형 잡힌 상태라는 것은 그 단백질이 열역학적으로 가장 안정된 구조를 갖고 있다는 말이다.

이리하여 어떤 단백질 아미노산의 결합 순서가 결정되면 단백질의 형태, 즉 그 구조가 정해진다. 구조가 정해진다는 것은 단백질 표면의 미세한 요철(凹凸)이 모두 결정된다는 뜻이기도 하다. 지그소 퍼즐이 탄생하는 순간이다.

## 네트워크화된 상보성

한 단백질에는 반드시 그와 상호작용을 하는 단백질이 존재한다. 두 개의 단백질은 서로 표면의 미세한 요철(凹凸)이 들어맞아야 결합된다. 지그소 퍼즐 조각처럼 말이다. 그러나 지그소 퍼즐보다 훨씬 더 복잡하고 다양한 형태로 결합한다. 특별한 아미노산 배열이 만들어내는 입체 구조의 기복과 플러스와 마이너스 전하의 결합, 친수성과 친수성·소수성과 소수성 등 비슷한 것끼리의 친

화성 등 화학적인 여러 조건이 종합된 상보성이다.

근육의 구성 단위는 액틴과 미오신이라 불리는 단백질이 결합된 상보적인 구조다. 거기에 다양한 다른 제어 단백질이 참여하면서 기계적인 운동을 만들어낸다. 복수의 단백질이 상보적으로 결합하여 구성된 분자 장치는 모든 세포에 존재하며 생명 활동을 영위한다.

메신저 RNA의 배열을 아미노산 배열로 변환하는 리보솜은 수십 종의 단백질 복합체. 세포 내 단백질 분해를 담당하는 프로테아좀, 단백질의 세포막 통과를 제어하는 트랜스로콘 등도 거대한 분자 장치다. 이들은 모두 단백질—단백질의 상보적인 결합으로 만들어져 있다.

상보성은 또한 반드시 근접한 단백질 사이에서 발생한다고 단정할 수는 없다. 혈청치의 상승에 반응하여 췌장 랑게르한스섬에서 혈액 중으로 방출된 인슐린은 온몸을 다 돌고 나서 지방 세포의 표면에 존재하는 인슐린 수용체와 특이하게 그리고 상보적으로 결합한다.

인슐린 수용체는 세포막을 관통하고 있는데, 세포 겉에서는 인슐린과 결합하고 세포 안에서는 그 정보를 다른 단백질에 전달한다. 여기서도 이런 작용은 상보적 형태에 기초한 상호작용에 의해 일어난다. 그 정보는 마치 세포 안의 층층으로 된 작은 폭포에서 물이 떨어지듯 잇달아 상보적으로 결합함으로써 복수의 단백질에 전해지며, 그때마다 신호가 증폭된다. 세포 안에 저장되어 있던 포도당 수송체라 불리는 특수한 단백질이 세포 표면에 배치된다(이 배치를 위한 시스템도 모두 단백질의 거대한 네트워크가 담당하고 있다).

혈중 포도당은 이 장치를 통해 비로소 세포 안으로 들어간다. 그 결과, 혈당치가 내려가고 지방 세포에 흡수되어 있던 포도당은 지방으로 변환되어 저장된다. 그러면 확실히 체중이 증가한다.

지그소 퍼즐 조각처럼 상보적인 상호작용을 결정하는 영역은 하나의 단백질에 여럿 존재할 수 있다. 그러므로 하나의 단백질에 복수의 단백질이 접근하여 결합한다. 또한 그 상보성은 지그소 퍼즐이 2차원상으로 한정되어 있는 데 반해 3차원적으로 확대된다. 이렇게 단백질에 의한 상보성은 신체 곳곳에 퍼져 있다.

## 붙고 떨어지고

그런데 내가 오랜 세월 지그소 퍼즐과 놀았던 이유는 바로 이 상보성이야말로 쇤하이머의 테제에 대한 해답을 제시해줄 수 있기 때문이었다.

생명이란 동적평형상에 있는 흐름이다. 생명을 구성하는 단백질은 만들어지는 순간부터 파괴되기 시작한다. 이는 생명이 질서를 유지하기 위한 유일한 방법이다. 그러나 생명은 끊임없이 파괴되면서도 어떻게 원래의 평형을 유지할 수 있는 것일까? 그 답은 단백질의 형태가 몸소 보여주는 상보성에 있다. 생명은 내부의 얽히고설킨 형태의 상보성에 의해 지탱되며, 상보성으로 인해 끊임없는 흐름 속에서 동적인 평형 상태를 유지한다.

지그소 퍼즐 조각은 하나둘씩 버려진다. 퍼즐 구석구석에서 이런 현상이 발생하지만 퍼즐 전체적으로 보면 이는 극히 사사로운 일부에 지나지 않는다. 그렇기 때문에 전체적인 그림이 크게 변하는 일은 없는 것이다.

그리고 또한 새로운 조각도 잇달아 생성된다. 중요한 것은 새로 만들어진 조각은 자신의 모양이 규정하는 상보성에 의해 자기가 들어가야 할 위치가 이미 결정되어 있다는 것이다. 조각은 불규칙한 열운동을 반복하며 빠진 조각 구멍과 자기의 궁합을 맞춰보면서 제자리를 찾는다. 이렇게 부단한 분해와 합성에 노출되면서도 퍼즐은 전체적으로 평형을 유지할 수 있다.

나는 지그소 퍼즐 모델 혹은 그 아날로지가 생명의 본질을 기술하는 데 매우 유효하다고 생각한다. 그러나 실제 생명현상의 '유연성'이나 '복잡성'과는 약간 거리가 있기도 하다. 그래서 여기서는 이 부분에 대해 두 번 세 번 강조하고 싶다.

나의 오랜 친구인 와다 이쿠오(和田郁夫) 후쿠시마현립 의과대학 교수는 특별한 현미경과 형광 라벨을 이용하여 한 분자의 단백질이 한 분자의 파트너 단백질과 상보적으로 결합하는 모습을 관찰했다.

한쪽 단백질은 현미경 아래의 어떤 초점심도(물리학에서 렌즈의 초점이 맞는 범위를 뜻하는 말 — 옮긴이) 위치에 고정되어 있다. 거기에다 세포 안을 떠도는 다른 파트너(결합 대상인 지그소 퍼즐과 이웃에 있는 조각)가 불규칙적으로 근접한다. 파트너 단백질에는 형광을 발하는 라벨이 붙어 있기 때문에 이 단백질이 고정된 단백질과 결합하면 그 순간에 현미경의 CCD 카메라는 현미경 초점심도의 범위 안에 있는 형광을 검출할 수 있다. 와다 교수는 이런 방법으로 확실히 두 개의 단백질이 상보적으로 결합하는 순간을 목격하는 데 성공했다.

그러나 너무나 이상하게도 형광은 가끔 규칙적으로 꺼졌다 켜졌다를 반복했다. 규칙적으로 깜박인다? 이는 도대체 무엇을 의미하는 것일까?

현미경은 높은 해상도로 세포 내의 아주 좁은 범위를

관찰하고 있다. 그 결과 필연적으로 현미경이 보고 있는 초점심도의 '두께'는 지극히 얇다. 아마 1마이크로미터 이하의 세계일 것이다. 형광 라벨이 붙은 단백질은 그 초점심도의 두께를 조금이라도 벗어나면 안 보이게 된다. 즉 형광은 시야에서 사라진다.

다시 말하면 여기서는 이런 일이 일어나고 있는 것이다. 형광 라벨이 붙은 단백질은 초점심도 내에 고정되어 있는 또 다른 단백질에 정기적으로 붙었다 떨어졌다를 반복하고 있다. 떨어지면 형광은 검출 심도의 위치를 벗어난다. 가까워지면 형광이 검출된다. 그러므로 깜빡이는 것처럼 보이는 것이다.

상보성은 종종 이렇게 극히 미약하며, 불규칙적인 열운동과의 사이에서 위태로운 균형을 잡고 있는 것에 불과하다. 퍼즐 조각은 딱 맞지만 철커덕 결합하지는 않고 살며시 반복적으로 입맞춤만 하고 만다. 상보성은 '진동'하고 있는 것이다. 이것이 지그소 퍼즐의 고정적인 이미지와는 다른 점이다.

그렇다고는 하나 이 입맞춤은 결코 불특정 다수를 상대로 하는 것은 아니며 특정 파트너끼리만 주고받는 특이한 현상이다. 생명현상에서는 이런 '유연한' 상보성이 오히려 더 많을지도 모른다.

## 이상 단백질을 제거하다

'유연한' 상보성은 공학적으로 보면 결합력이 좋은 견고한 조립에 비해 내구성 면에서 떨어지는 것처럼 보인다. 또한 조각 자체가 항상 새로 생성되고 바뀐다는 점도 비효율적·소비적으로 보인다. 그런데 그렇지가 않다. 질서를 유지하기 위해 질서를 파괴해야만 한다. 즉 시스템 내부에 불가피하게 축적되는 엔트로피에 대항하기 위해서는 이렇게 선수를 쳐서 앞의 것을 파괴하고 배출시키지 않으면 안 된다.

이를 단백질적인 언어로 설명하자면, 늘 합성과 분해를 반복함으로써 상처가 난 단백질, 변성된 단백질을 제거하고 이들이 축적되는 것을 방어할 수 있는 것이다. 또한 합성 도중 오류가 생겼을 때 수정 기능도 발휘할 수 있다. 생체는 각종 스트레스에 노출되어 있고, 그때마다 구성 성분인 단백질이 상처를 입는다. 산화나 절단 혹은 구조적 변화로 인해 기능을 상실한다. 당뇨병에 걸리면 혈액의 당 농도가 상승하여 단백질에 당이 결합하고, 그럼으로써 단백질에 해를 입힌다.

동적평형은 이러한 이상 단백질을 제거하고 재빨리 새로운 부품으로 대체하도록 한다. 결과적으로 생체는 내부에 고일 수 있는 잠재적인 폐기물을 시스템 밖으로 배출할 수 있는 것이다.

그러나 이 시스템만으로는 안심할 수 없다. 어떤 이상 현상에서는 폐기물의 축적 속도가 배출 속도보다 빨라, 축적된 엔트로피가 생명을 위기 상태로 몰아넣는다.

전형적인 예가 구조적인 단백질병으로 요즘 주목받고 있는 알츠하이머병, 광우병, 야콥병으로 대표되는 프리온병이다. 전자에서는 아밀로이드 전구체라 불리는 단백질이, 후자에서는 이상형(異常型) 프리온 단백질이라 불리는 단백질이 구조에 이상을 일으켜 뇌 내부에 축적된다.

아주 초기 단계에서는 이상 단백질은 생체의 분해 기구, 제거 기능에 의해 제거될 것이다. 그러므로 건강한 사람이 발병할 확률은 그다지 높지 않다. 일정 수치를 넘어 축적이 진행되면 제거 기능의 능력 범위를 벗어나면서 결국 이상 단백질 덩어리가 뇌세포를 압박하게 된다.

## 생명의 가변성

시스템 구성 요소 그 자체가 일상적으로 합성되고 분해됨으로써 담보되는 가장 중요한 생물학적 개념이 있다. 그것은 합성에 의해 완만히 상승하고 분해에 의해 완만히 하강하는 일정한 리듬을 연속적으로 발생시킴으로써 진동자(오실레이터)를 만들어낼 수 있다는 것이다.

진동자의 또 다른 이름은 '시계'다. 사실 주기적인 세포분열을 조절하기 위한 생물 시계의 핵심은 단백질의 합성과 분해에 의한 오실레이션과 관계가 있다고 한다. 그 이름도 사이클링이라 붙여진 단백질은 정확한 타이밍으로 합성되고 또한 분해된다. 그 타이밍이 세포분열 사이클을 조절한다.

그렇다면 '유연한' 상보성, 즉 미약한 상호작용을 나타내는 단백질이 붙거나 떨어지면서 성립되는 상보성에는 어떤 특성이 있는 것일까? 그것은 외계(환경)의 변화에 따라 자신을 바꿀 수 있다는 생명의 특징, 즉 가변성과 유연성을 담보하는 메커니즘이 될 수 있다는 점이다.

결합과 이탈을 반복하면서 평형 상태를 유지하는 시스템에서는 예를 들면 어떤 환경 변화에 의해 한쪽의 단백질 양이 증감한 경우의 변화를 예민하게 파악할 수 있다. 세포 내의 다른 장소에서 그 단백질이 보다 많이 동원되거나 분해된다면 저절로 깜박이는 총량은 감소한다. 거꾸로 그 단백질의 수요가 줄어 세포 내의 농도가 상승하면 깜박임의 총량은 증가할 것이고 깜박이는 간격은 짧아질 것이다(단백질의 공급량이 늘어남으로써 결합하거나 이탈하는 상호작용과 함께 새로운 단백질이 편입된다).

이런 신호의 증감은 세포가 환경 변화를 파악할 수 있게 하는 센서의 역할을 한다. 만약 그 단백질이 더 많이 동원되거나 손상을 입어 상실된다면 그것을 보충할 만한 증산 명령이 내려져야 한다. 거꾸로 그 단백질이 남는다면 생산은 일시적으로 억제되어야 할 것이다. 이들은 모두 DNA→RNA→단백질 합성이라는 과정의 각 단계상의 제어에 반영된다.

환경 변화에 대한 생명의 적응과 내적 항상성의 유지는 모두 이러한 피드백 고리(feedback loop)에 의해 실현된다. 부드러움이 강함을 이긴다. 그야말로 '유연한' 상보성이 생명의 가변성을 책임지고 있는 것이다.

## '생물학적 숫자' 지그소 퍼즐

마지막으로 지그소 퍼즐의 아날로지가 유발하는 또 하나의 불일치를 지적하고자 한다.

처음에 소개했던 퍼즐 회사 야노만은 '3D' 지그소 퍼즐도 판매한다. 이는 평면의 지그소 퍼즐을 구면상에 전개한 것인데 지구의, 월구의를 비롯해 그림이나 사진을 지면화한 퍼즐도 있다.

당연한 얘기지만 3D 지그소 퍼즐에는 평면 퍼즐에는 있는 테두리 틀이 없다. 즉 세계는 퍼즐 조각만으로 구성되고 완결되는 것이다. 그 이미지를 응용하여 "생명은 단백질이라는 지그소 퍼즐로 구성된 구체로 되어 있다"라고도 말할 수 있다.

그러나 그렇다면 예를 들어 "사람은 유전자=단백질의 총 종류, 2만 수천 조각으로 이루어진 3D 지그소 퍼즐이다"라고 한다면 어떨까? 이는 상당히 부정확한 표현이다. 여기서 우리는 에르빈 슈뢰딩거의 말을 다시 한번 되새길 필요가 있다. 생물은 원자나 분자에 비해 왜 그렇게 큰 것일까? 그것은 입자의 통계학적 행위에 불가피한 오차율(이는 $\sqrt{n}/n$으로 표현된다)의 기여를 가능한 한 줄이기 위해서다. 액틴이나 미오신, 그리고 인슐린도 인슐린 수용체도 모두 2만 수천 종류나 되는 조각 중 일부다. 그러나 그 조각들은 우리들 내부에 각각 한 장씩 존재하는 게 아니다. 액틴 혹은 인슐린 조각만도 수억 장, 아니 그 이상 존재한다. 즉 우리를 둘러싸고 있는 지그소 퍼즐은 한 쌍이 아니라 천문학적 숫자(이 말도 정확하지 않다. 그야말로 생물학적 숫자라 하는 게 옳을 것이다)인 것이다.

그중에서 조각들은 무서울 정도의 속도로 서로의 상보성을 찾아 아주 짧은 밀회를 즐기고는 순간적으로 사라져버린다. 수억 장이나 되는 인슐린이 온몸의 혈액을 돌며 모든 세포 표면에 있는 수억 장의 인슐린 수용체와의 사이에서 모든 미분적인 시간 동안 명멸을 반복한다. 그리고 그런 상보성의 연결고리는 생물학적 숫자에 의해 다중으로 폭주하고 있다.

# 제11장
# 내부의 내부는 외부다

## 박사후 과정의 가혹한 생활

지금부터 하는 얘기는 세상에 아직 '지도'가 없던 시절의 아주 사사로운 이야기다.

나는 당시, 이미 뉴욕을 떠나 보스턴에 살고 있었다. 미국의 그 어떤 도시들과도 다른 빛을 발하는 곳이었다.

뉴잉글랜드라 불리는 동쪽 해안 일대는 영국에서 온 청교도인들이 처음으로 도착한 지역인데 차분한 분위기에 시간이 조용하게 흐르는 그런 곳이었다. 가을에는 돌이 깔린 거리에 플라타너스와 고로쇠나무의 누런 낙엽이 쌓이고 그 낙엽을 밟으면 바스락바스락 소리가 났다. 마을 상점에는 사과즙을 내고 거기에 계피 가루를 첨가한 애플사이다가 갈색 병에 담겨 즐비하게 진열되어 있었다. 브라운스톤이라 불리는 갈색의 석조 건물 사이로 보이는 하늘은 탁하고 낮았다. 곧 길고 긴 겨울이 찾아올 것이다. 하루종일 기온이 0도를 넘지 않는 날도 많을 것이다. 그런 밤은 가로등이나 저 멀리 창문을 통해 새어 나오는 빛이 투명할 정도로 맑아 보인다. 공기 중의 수증기가 모두 얼어붙어 지면으로 떨어지기 때문에 빛이 통하는 길목에 그 빛을 산란시키는 것이 아무것도 없기 때문이다.

뉴욕에서 동북 방향으로 약 200킬로미터 올라간, 같은 대서양 연안에 위치하는 이 마을은 뉴욕에는 분명히 존재했던 그 무언가가 없었다. 새로운 환경에서 새로이 연구를 시작하는 데 정신없었던 나는 처음에는 그게 뭔지 눈치채지 못했다. 새로운 환경이라고는 하나 실험실만 바뀌었을 뿐 박사후 과정이라는 지위에는 변함이 없었다.

우리는 박사후 과정을 연구실 노예(lab slave)라며 자조적인 농담을 하곤 했다. 아침부터 밤 늦게까지 실험대에 붙어 앉아 시험관이나 피펫을 조작한다. 실험용 흰쥐처럼 냉동실과 원심기실을 바쁘게 왔다갔다하며 샘플을 정제한다. 그리고 측정기 앞에 진을 치고 앉아 복잡한 숫자를 적어 넣는다. 때로는 암실에 틀어박혀 X선 필름을 현상한다. 마음을 돌처럼 차갑게 식힌 후 수많은 생쥐를 살상한다.

당시 내가 소속된 곳은 하버드대학 의학부의 분자세 포생물학 연구실이었다. 이상하게도 이렇게 극도로 추 운 작은 마을에 하버드 외에도 매사추세츠공과대학 (MIT), 보스턴대학, 터프츠대학, 세계에서 가장 유명한 첨 단 의료 센터인 매사추세츠종합병원(MGH), 혜성 같이 나타났다가는 사라지는 생명공학 벤처 등 유명한 연구 시설들이 모두 모여 있다.

연구동은 모두 가는 철과 반사경을 빙 둘러놓은 듯한 세련되고 지적인 느낌의, 그리고 비인간적인 건물이었 다. 내게 할당된 실험실은 청결하고 기능적이었지만 창 문은 하나도 없었다. 노예를 수용하는 갤리선 선창에 하 늘 따위는 필요 없다. 저임금에 장시간 노동, 위험하기까 지 하다. 당연한 말이지만 대부분의 노예들은 미국인이 아니었다. 내가 일하고 있는 층에도 중국, 이탈리아, 독 일, 한국, 스웨덴, 인도 사람들이 있었다.

우리는 짧은 점심 시간에 카페테리아에 모여 앉아 목 청을 높여가며 천안문 사태에 대해 열변을 토하고, 걸프 전을 비난했다. 그러나 다시 실험대로 돌아가면 노예들 은 서로 경쟁자가 되었다.

## 위상기하학적인 과학

당시, 우리가 찾던 것은 췌장 안에 있는 특수한 단백질이었다.

췌장은 크게 나누어 두 가지 기능을 담당한다. 하나는 대량의 소화효소를 생산하여 소화관에 보내는 작업(외분비), 또 하나는 혈당치를 감시하고 조절하는 호르몬(인슐린이나 글루카곤)을 혈액으로 보내는 작업(내분비)이다. 이 두 기능 모두 세포 내부에서 만들어진 소화효소나 호르몬이 세포 밖(소화관이나 혈관)으로 내보내지는 현상이다.

사실 이렇게 쉽게 설명할 수 있는 간단한 현상은 아니다. 세포는 세포막이라는 부드럽고 얇으며, 그러나 상당히 튼튼한 외벽으로 싸인 구체이며, 그로 인해 세포 내부의 생명 환경은 외부 환경으로부터 엄중하게 격리되어 있다. 세포막은 일종의 방어벽으로서 존재하므로 외부 물질은 쉽사리 세포 내부로 침입하지 못한다. 대신 세포 내부의 물질도 그리 쉽게는—예를 들면 세포막을 찢는 형식으로는—외부로 나갈 수 없다. 만약 그런 일이 일어난다면 외부 환경으로부터 한꺼번에 잡다한 물질이 유입되고, 내부 환경으로부터는 중요한 물질이 유출되어 생명의 질서는 순식간에 붕괴될 것이다.

때문에 세포 내부에서 외부로 물질이 '분비'되기 위해서는 아주 정교한 메커니즘이 작용하고 있음에 틀림없다.

이는 세포의 동적인 상태를 이해하는 데 아주 중요한 부분이다. 만일 이 분비 메커니즘이 원활히 진행되지 않으면 영양소를 분해하기 위한 소화효소가 부족해지거나 인슐린이 충분하게 혈액을 순환하지 못하게 된다. 이런 사태가 발생한다면 생명은 즉각 이상 현상을 일으킬 것이다. 분비 이상은 발육 부진이나 당뇨병 같은 질환의 주요 원인일지도 모른다.

이런 점에 주목하면서 세포의 동태를 살펴보려 한 것은 물론 우리가 처음이 아니다. 여기에는 세포생물학이라는 일대 연구 분야가 있고, 수많은 선조들의 노력이 있었다.

세포생물학이란 한마디로 표현하자면 '위상기하학'의 과학이다. 위상기하학이란 한마디로 하면 '사물을 입체적으로 생각하는 센스'라 할 수 있다. 그런 의미에서 세포생물학자는 건축가와 비슷하다.

## 펄레이드의 목표

이야기는 잠시 보스턴의 하버드대학에서 뉴욕의 록펠러대학으로 돌아간다.

1960년대부터 70년대에 걸쳐 록펠러대학은 세포생물학의 세계적인 중추 연구 기관이었다. 그리고 그 중심 인물이 바로 조지 펄레이드(George Palade)였다. 그는 루마니아 출신의 과학자인데 배우 마르첼로 마스트로야니를 연상시키는 수수한 풍모를 지닌 사람이었다. 펄레이드의 연구 분야는 세포 내부에서 만들어진 단백질은 어떤 경로를 거쳐 세포 밖으로 나가는가를 '가시화'하는 것이었다.

펄레이드가 이 연구를 위해 선택한 것은 췌장의 소화효소 생산 세포였다. 생물학적 과제를 밝히려고 할 때 비록 그 과제가 모든 세포에 들어맞는 공통의 기구라 할지라도(그리고 공통의 기구일 정도로 생물학적인 중요성 역시 높다고 할 수 있겠으나) 그 과제를 분석하기 위한 모델로 어떤 세포를 선택할 것인가는 아주 중요한 일이다.

우선 관찰하고자 하는 현상이 빈번히 발생하는 세포여야 한다. 그 현상만을 발생시키는 세포라면 더할 나위 없이 좋을 것이다. 세포의 구조가 그 현상에 특화되어 있을 테니 그만큼 관찰도 쉬워진다.

다음으로 중요한 것은 그런 세포를 항상, 쉽게 그리고 대량으로 입수할 수 있어야 한다는 것이다. 개체 안에 극히 소량밖에 없는 세포이거나 혹은 양적으로는 문제가 없는데 다른 세포군과 근접해 있어 혼합되어 있다면 그 세포를 실험 재료로 추출하는 데만도 상당한 노력과 시간이 필요하다. 그리고 그만큼 세포에 상처를 주거나 바람직하지 않은 인위적인 영향을 미치게 된다.

췌장의 소화효소 생산 세포는 펄레이드에게 더 바랄 나위 없는 모델 세포였다. 우선 이 세포는 아주 흔하다. 모든 췌장 세포 가운데 약 90퍼센트를 차지한다. 나머지 5퍼센트가 인슐린 등의 호르몬을 생산·분비하는 세포다. 즉 췌장은 거의 소화효소 생산 세포 덩어리라 해도 좋을 것이다. 그만큼 소화효소를 만들어내는 일은 중요한 것이다.

다음으로, 이 세포의 소화효소 생산 능력이 놀라울 만큼 높다는 것이다. 소화효소는 모두 단백질로 이루어져 있다. 이 세포는 매일매일 대량의 소화효소 단백질을 합성하고 그것을 소화관으로 분비한다. 그 생산량은 수유기의 유선(포유동물의 젖을 생산하는 세포 조직)을 능가한다.

어째서 췌장이 이렇게도 많은 소화효소를 대량의 세포로 만들어낼 수 있느냐 하면, 그것은 '흐름'을 멈추지 않기 때문이다. 루돌프 쇤하이머가 라벨을 붙인 아미노산을 사용하여 밝힌 생명의 동적인 평형 상태, 이는 끊임없는 아미노산의 유입과 체단백질의 합성과 분해가 생명현상 정가운데를 관통하면서 당당하게 흐른다는 것이었다. 대량의 소화효소는 이 흐름을 구동하는 실행 부대이며 췌장은 스물네 시간 묵묵히 그리고 지속적으로 신병을 투입하고 있다.

## 단백질의 흐름을 가시화하다

췌장 세포는 분명히 끊임없이 대량의 단백질을 만들고 그것을 세포 밖으로 내보내고 있다. 즉 세포 안에서도 '흐름'이 존재한다. 그러나 그 '흐름'을 어떻게 가시화하면 좋을까?

펄레이드의 무기는 두 가지가 있었다. 하나는 전자현미경이었다. 이 현미경의 초고배율을 이용하면 세포 하나를 시야 가득 집어넣을 수 있고, 그 세포의 구조를 훤히 들여다볼 수 있다. 문제는 단백질이 그 안에서 어떻게 흐르고 있는가를 파악하는 방법이었다.

조지 펄레이드는 루돌프 쇤하이머에 대해 잘 알고 있었음에 틀림없다. 아미노산에 표시를 하는 것. 어둡고 탁한 강을 보며 그 흐름의 규모와 속도를 파악하기는 어렵다. 그래서 쇤하이머는 순간적으로 색깔이 있는 잉크를 떨어뜨림으로써 그것을 가시화했다. 마찬가지로 이를 췌장 세포 내의 흐름에도 적용할 수 있다. 게다가 전자현미경의 해상도를 유지하면서 말이다. 펄레이드는 그렇게 생각했다.

그들은 실험동물의 췌장을 적출하여 따뜻한 배양액 안에 넣었다. 효소와 영양이 공급된다면 췌장 세포는 그 상태 그대로 살 수 있으며 소화효소를 합성·분비할 것이다. 펄레이드는 잠깐 동안만 이 배양액에 선명한 잉크를 흘려 넣었다. 그때 그가 사용한 것이 또 하나의 무기, 바로 방사성동위원소라 불리는 잉크였다. 쉰하이머의 시대로부터 20년, 그 방법은 점점 더 개량되어 아미노산은 쉰하이머가 사용한 중질소뿐 아니라 탄소, 유황 등의 방사성동위원소로도 표시를 할 수 있게 되었다. 이 잉크는 물론 보이지 않는다. 그러나 방사성동위원소가 발하는 미약한 방사선을 추적함으로써 라벨이 붙은 아미노산을 감싸고 있는 단백질의 존재 위치를 알아낼 수 있다.

펄레이드가 이용한 방법에서 주목할 부분은 방사성동위원소로 라벨을 붙인 아미노산을 '한순간'만 췌장 세포에 투여했다는 점이다. 한순간이란, 실제 실험 단계에서는 5분 정도의 시간이다. 그 후 췌장 세포를 담가둔 배양액은 즉각 교환된다. 새로운 액에는 방사성동위원소 라벨이 붙어 있지 않은 보통의 아미노산이 함유되어 있다. 췌장 세포 자체는 방사성동위원소 라벨 아미노산과 보통 아미노산을 구별할 수 없다. 배양액 안의 아미노산을 흡수하며(세포막에는 아미노산만이 통과할 수 있는 특수한 구멍이 존재한다) 묵묵히 소화효소 단백질을 합성한다.

그렇다면 펄레이드의 실험이 한창일 때 과연 무슨 일이 일어났을까? 그것은 방사성동위원소 라벨이 붙은 아미노산이 투여된 5분 동안 합성된 소화효소 단백질만이 '표시되었다'는 것이다. 수면에 떨어진 잉크는 색깔 띠가 되어 흐름을 눈에 보이도록 한다. 어느 순간만 표시가 된 소화효소 단백질 띠는 세포 안을 이동하면서 그 경로를 가시화해줄 것이다. 그것을 추적하면 단백질이 세포 안에서 밖으로 어떻게 흘러나가는지를 알 수 있다.

펄레이드는 가시화하는 방법으로 다음과 같은 기술을 활용했다. 라벨을 붙인 후, 췌장 세포는 시간이 지남에 따라 조금씩 배양액에서 흘러나와 화학적으로 '고정화'된다. 그 순간 세포는 생명 활동을 정지시키지만 형태는 보존된다. 세포 내의 단백질 분자도 그 자리에 고정된다. 이렇게 하여 췌장 세포에 5분 동안 방사성동위원소가 붙은 아미노산을 투여한 다음, 배양액을 갈아주고 다시 5분 후, 10분 후, 20분 후와 같은 식으로 세포 샘플을 추출한다.

이는 전자현미경으로 관찰할 수 있는데, 이때 펄레이

드는 세포를 살짝 X선 필름 위에 얹어놓았다. X선 필름 표면에는 은 입자가 얇게 도포되어 있다. 세포의 특정 장소에 방사성동위원소로 표시된 단백질이 존재하면 거기서 나오는 미약한 방사선은 필름의 은 입자에 닿아 입자를 검게 변색시킨다. 이는 카메라의 은염 사진 필름 감광 원리와 똑같다. 이 세포와 세포를 얹은 X선 필름을 그대로 동시에 전자현미경으로 관찰한다.

자, 그럼 어떤 상이 보일까? 시야에는 췌장 세포가 가득 펼쳐진다. 그리고 집중해서 보면 투명한 세포를 통해 밑에 깔린 X선 필름 위에 검은 점이 보인다. 그곳이 바로 단백질이 존재하는 지점이다.

## 내부의 내부는 외부다

이리하여 조지 펄레이드는 록펠러대학의 지하실에 구비되어 있던 전자현미경을 통해 최초로 세포 내 단백질의 교통을 밝혀냈다.

표시된 단백질의 검은 점은 우선 세포 내의 소포체(小胞體)라 불리는 구획의 표면에 나타났다. 이곳이 바로 단백질의 합성 현장이다. 아미노산이 순차적으로 결합되면서 소화효소가 만들어진다. 그런데 다음 시점의 관찰에서 이상한 현상이 포착되었다. 단백질의 존재 장소를 나타내는 검은 점이 소포체 안쪽으로 이동한 것이다.

펄레이드는 이 이동이 유발하는 위상기하학적 변이를 그 자리에서 간파했다.

내부의 내부는 외부다.

하나의 세포를 얇은 피막으로 덮인 고무 풍선이라 상상해보자. 풍선 내부에서 생명 활동이 일어나고 있다. 그러나 실제로 세포의 내부는 텅텅 비어 있지는 않다. 예를 들면 DNA를 보유하고 있는 '핵', 에너지를 생산하는 '미토콘드리아'와 같은 구획이 존재한다. 소포체도 그런 구획 중 하나다. 고무 풍선 안에 존재하는 또 다른 작은 풍선이라 생각하면 될 것이다. 소포체도 역시 고무 풍선과 같은 소재의 피막으로 덮여 있으며 고무 풍선 내부에 둥둥 떠 있다.

펄레이드의 관찰에 따르면 단백질 합성은 우선 이 소포체의 표면에서 일어났다. 여기서 말하는 표면이란 작은 풍선(=소포체)의 바깥쪽, 즉 큰 풍선(=세포)의 안쪽이라는 뜻이다. 앞으로 독자 여러분은 위상기하학을 계속 염두에 두고 글을 읽어주기 바란다.

다음 순간, 합성된 단백질은 작은 풍선(=소포체)의 안쪽으로 이동했다. 이런 이동이 발생하기 위해서는 단백질은 어떤 방법으로든 작은 풍선(=소포체)의 피막을 통과하여 안쪽으로 들어가야 한다. 펄레이드 역시 그 방법을 알 길이 없었다. 그러나 실제로 단백질은 소포체 내부로 이동했다.

작은 풍선(=소포체)의 내부란 큰 풍선(=세포)에 있어 대체 무엇에 해당하는 것일까? 그것은 다름 아닌 외부다. 즉 단백질은 소포체의 피막을 통과하여 그 내부로 이동하는 시점에서 위상기하학적으로는 이미 세포 바깥에 존재하는 것이다.

언뜻 생각하기에 기묘하기도 한 이 논리를 이해하기 위해서는 소포체의 출처를 추적할 필요가 있다. 소포체는 어떻게 생겨났을까? 풍선 외부에서 꼭 쥔 주먹을 큰 풍선의 고무 피막을 향해 내리꽂은 모습을 상상해보자. 주먹 주위에는 고무 피막이 밀착되어 있고, 주먹 자체는 풍선 내부에 들어가 있는 것처럼 보일 것이다. 그러나 주먹이 존재하는 공간은 외부와 통해 있다.

소포체도 이런 방법으로 형성되었다. 우선 세포막을 함몰시키고, 그 입구 부분, 즉 손목 부분을 서서히 좁혀가면서 최종적으로는 그곳을 홀맺어 끊는 방법으로 분리되는 것이다. 그 결과 작은 풍선이 큰 풍선 내부에 부유하게 된다. 따라서 소포체의 내부는 원래 세포 입장에서 보면 외부였던 세계다.

물론 단백질은 소포체 내부에 들어갔다고 해서 실제로 세포 밖으로 나올 수는 없다. 그러나 세포 밖으로 방출되기 위해서 단백질은 다시 한 번 피막(=세포막)을 통과할 필요는 없다. 이는 펄레이드의 다음 실험에 의해 증명되었다.

합성된 단백질을 감싼 작은 풍선(=소포체)은 조금씩 형태를 갖춰가면서 풍선(=세포)의 내부를 가로지르듯 이동한다. 그리고 작은 풍선의 피막은 큰 풍선 끝에서 큰 풍선의 피막과 접촉한다. 이때 아까 봤던 소포체 형성 과정의 역버전이 펼쳐진다. 접촉한 두 개의 피막은 용해되고 융합하면서 입구가 된다. 그다음에는 마치 풍선에 손목을 집어넣었을 때 생기는 듯한 끊어진 길이 있는 작은 함몰구가 생긴다. 그 순간 작은 풍선(=소포체) 내부는 외부 세계와 통하게 된다. 소포체의 내부에 고여 있던 화학 효소 단백질은 그 길을 통해 세포 바깥으로 방출된다.

## 또 하나의 내부가 존재하는 이유

세포는 내부에서 만들어진 단백질을 세포 밖으로 운반하기 위해 직접 세포 피막을 열었다 닫는 위험을 피하

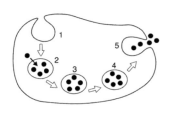

### 내부의 내부는 외부

세포는 얇은 피막(세포막)으로 싸여 있다. 그 일부가 함몰하여(1), 세포 내부에 구획을 만든다(2). 이 구획(소포체)의 내부는 위상기하학적으로 내부의 내부, 즉 외부다. 분비되어야 할 단백질(●)은 세포 내부에서 합성된 후, 소포체의 막을 통과하여 소포체 내부로 들어간다(2). 이 구획은 세포 안을 이동하여(3, 4) 최종적으로 세포의 막과 일부 융합하여 다시 외부 세계와 연결된다(5). 단백질은 이 경로를 거쳐 바깥으로 방출된다.

고자 했다. 그러면 내적 환경이 외부 환경에 노출되어야 하기 때문이다. 그 대신 세포는 미리 세포의 내부에 또 하나의 내부를 만들었다. 그것이 바로 소포체다.

위상기하학적으로 내부의 내부는 외부가 된다. 단백질을 소포체의 내부(=세포의 외부)로 운반하기 위해서는 단백질이 소포체의 피막을 통과해야 한다. 그러나 소포체 피막의 개폐는 세포막의 개폐에 비해 훨씬 위험도가 낮다. 왜냐하면 소포체 내부는 위상기하학적으로는 세포의 외부지만 실질적으로는 아직 세포로 둘러싸인 구획에 지나지 않기 때문이다. 소포체 내부의 환경이 세포 내부로 유출되는 사고가 발생하더라도 그 사고가 외부 환경이 세포 내부로 무질서하게 유입되는 것을 뜻하지는 않는다.

이리하여 세포는 최소한도의 위험을 안고 세포 내부와 세포 외부의 교통을 제어하는 방법을 창조했다.

펄레이드는 세포 내부에서 전개되는 이 동적인 교통에 대해 상세히 연구했다. 여기서도 생명은 쉼없이 흘러가고 있었다. 루돌프 쇤하이머처럼 펄레이드 역시 해상도를 낮추지 않은 상태에서 부분이 아니라 전체를 기술했던 것이다.

'세포의 구조적, 기능적 구성에 관한 발견'에 대해 1974년, 조지 펄레이드는 같은 록펠러대학의 두 명의 공동 연구원인 알베르 클로드(Albert Claude), 크리스티앙 드 뒤브(Christian de Duve)와 함께 노벨생리의학상을 수상했다. 록펠러대학의 세포생물학 연구가 눈부신 발전을 거듭하던 시기였다.

조지 펄레이드는 내가 록펠러대학에서 연구 생활을 시작할 무렵에는 이미 그곳에 없었다. 그는 예일대학 의학부, 그리고 UC샌디에고로 옮겨 학부장 급의 행정직에 있었다.

내가 일하던 연구실 한구석에는 낡은 발판이 뒹굴고 있었는데, 시약을 놓아두는 높은 선반에서 약품을 꺼낼 때 사용하는 원형 스툴 같은 것이었다. 그 측면에 펠트펜으로 'PALADE LAB'이라는 글씨가 씌어 있었다. 나는 그것을 발견하고 얼마나 기뻤는지 모른다. 그렇다, 이 발판이 지금은 이렇게 지저분해졌지만 펄레이드를 비롯한 위대한 선구자들의 발자취가 깃든, 틀림없는 역사적 유산인 것이다.

일본에 앉아 서툰 영어로 일자리를 찾던, 어디서 굴러먹던 누구인지도 모르는 나를 록펠러대학으로 이끌어준 조지 실리 박사는 펄레이드의 제자였다. 즉 나는 이름도 없는 병아리 과학자이기는 하지만 펄레이드의 손자뻘 제자인 셈이다.

나는 그 스툴을 보물처럼 살며시 챙겨두었다가 실리 박사가 우리들 박사후 과정을 이끌고 보스턴에 있는 하버드대학 의학부로 연구실을 옮길 때도 가지고 갔다. 우리는 펄레이드의 정통을 잇는 계승자로서 그가 남긴 연구 테마에 도전했다. 그것은 세포막이 어떻게 어떤 때는 함몰되어 소포체를 만들고, 어떤 때는 단백질을 둘러싸고 이동하며, 또 어떤 때는 융합하여 입구를 만들면서 이리도 자유자재로 변할 수 있느냐는 과제였다.

# 제12장
# 세포막의 다이너미즘

## 뉴욕의 진동

뉴욕에서 보스턴으로 연구실을 옮긴 나는 가끔 맨해튼이 그리웠다. 맨해튼의 빛과 바람. 물론 보스턴도 동쪽 해안 특유의 높고 청명한 하늘이 펼쳐지는 도시이긴 하다. 어떤 의미에서는 뉴욕보다 아름다운 도시라고도 할 수 있다. 하버드대학에 모이는 동료들은 모두 훌륭한 인재들이었다. 나는 매일 아침 복도에서 새로운 인사 표현법을 배웠고 거대한 와이드너도서관의 서고를 탐험했으며 유니온오이스터하우스에서 보스턴쿨러를 마셨다. 그리고 펜웨이파크에서 레드삭스를 응원하고 심포니홀의 딱딱한 나무 의자에 앉아 오자와의 지휘를 들었다.

그러나 그곳은 뉴욕이 나를 고무시켰던 뭔가가 결여

된 느낌이었다.

보스턴에 살기 시작한 지 얼마 지나지 않은 어느 날, 나는 철야 실험을 마치고 실험동을 나와 이른 새벽 거리로 나갔다. 잔디는 촉촉한 새벽 이슬을 머금었고 투명한 하늘에는 아침 햇살에 붉게 물든 엷은 구름이 길게 꼬리를 늘이고 있었다. 주변은 온통 고요함으로 덮여 있었다.

그때 뉴욕에는 존재하지만 이곳에는 결여된 것이 뭔지 처음으로 깨달았다. 그것은 진동(바이브레이션)이었다. 거리를 구석구석 뒤덮는 에테르와 같은 진동.

포장도로를 바삐 걷는 발소리, 칙칙거리며 낡은 철 파이프를 흐르는 증기 소리, 지하로 이어지는 환기구의 철망에서 뿜어져 올라오는 지하철 소리, 탑을 올리는 공사 소음, 벽을 해체하는 쇠망치 소리, 가게에서 흘러나오는 유행가, 사람들이 웃는 소리, 그들이 싸우는 소리, 자동차 경적과 사이렌이 교차하는 소리, 급브레이크……

맨해튼에서 끊임없이 뿜어져 나오던 이 소리들은 마천루 틈새를 비집고 높은 하늘로 날아가는 게 아니다. 오히려 수직강하한다. 맨해튼의 지하 깊은 곳에는 두껍고 거대한 바위 한 덩어리가 떡하니 자리 잡고 있다. 고층 건축의 기초항은 이 암반에까지 닿아 있다. 모든 소리는 일단 이 암반에 도달하고, 여기서 멈춘다. 암반은 금속보다 강도가 높으며 소리는 이 거대한 철금(鐵琴)을 섬세하게 진동시킨다. 표면의 기복 사이에서 파장이 겹치는 소리는 더욱 커지고 상쇄하는 소리는 약해진다. 소음은 흡수되면서 서서히 음의 높낮이가 균형을 잡는다. 이렇게 정돈된 소리는 이번에는 암반으로부터 위를 향해 반사되어 맨해튼 지하 전체로 한번에 퍼져나간다.

이 반사음은 처음에는 이명 소리 같기도 하고 혹은 낮은 기류가 웅웅대는 소리 같기도 하다. 가끔 환청처럼 느껴질 때도 있다. 그러나 그 통주저음(通奏低音)은 분명히 거리의 소음 속에 존재한다.

그 소리는 맨해튼 어디에서도 들을 수 있다. 그리고 스물네 시간 내내 들린다. 언젠가는 그 소리 속에 같은 크기의 진동이 있음을 알게 된다. 그 진동은 문자 그대로 파도처럼 사람들 몸속으로 들어왔다가 빠져나가고 또 들어왔다가 빠져나가기를 반복한다. 어느새 진동은 우리들 혈액의 흐름과 일체화되고 심지어 흐름에 힘을 실어주기까지 한다.

이 진동이야말로 뉴욕을 찾은 사람들을 한결같이 고양시키고 응원하며 때로는 자신의 조국으로부터 자유롭게 하고, 그래서 고독을 사랑하는 사람으로 만드는 힘의 정체이다. 왜냐하면 이 진동의 음원은 여기에 모이는, 서로를 모르는 사람들의 어떤 공통된 마음의 소리가 모인 곳이기 때문이다.

이런 진동을 발산하는 거리는 미국 전역에서도 뉴욕뿐이다. 아마 세계 어느 곳에도 없을 것이다.

실험으로 귀가가 늦어지는 날이면 창문도 없는 연구실을 나와 바깥 공기를 마실 수 있는 장소로 이동하여 보스턴의 밤하늘에 귀를 기울이곤 했다. 어딘가에서 통주저음이 들려오기를 기다렸다. 때때로 어떤 소리가 들려오긴 했다. 자동차가 지나가는 소리, 밤바람이 나뭇잎 뒷면을 간질이는 소리, 도로를 가로지르는 발소리. 그렇지만 항상 밤의 침묵은 조용히 모든 것을 삼키고는 결국 압도해갔다.

## 세포막의 비밀

너무도 조용한 보스턴에서 내게 주어진 임무는 신종 '나비'를 채집하는 것과 비슷했다.

세포를 감싸고, 세포를 지키고, 그 내부에 동적평형을 안고 있는 세포막. 세포막의 주성분은 인지질이라는 분자다. 그것이 빈틈없이 정렬하면서 2차원적으로 퍼져, 균일한 두께를 갖는, 강하면서도 유연한 얇은 피막을 형

218

성한다. 세포막의 두께는 고작 7나노미터.

인지질을 사용하여 시험관 안에서 인공적으로 세포막을 만들어내고 그것을 구 모양으로 성형할 수도 있다. 물론 살아있는 세포와는 달리 생명현상을 내포하고 있지는 않다. 그저 '풍선'인 셈이다.

이 풍선을 시험관에 많이 넣고는 휘젓는다. 온도를 올려 열운동을 활발하게 함으로써 접촉이나 충돌의 빈도를 높여준다. 그러나 풍선은 서로 심하게 부딪쳐도 융합하여 더 커다란 풍선이 되지는 않는다. 더구나 일부가 함몰되어 내부에 외부를 만드는 일은 더더욱 없다. 개개의 풍선은 그냥 풍선인 채로 있다. 즉 세포막은 그 자체로 아주 안정적인 구조체인 것이다. 이는 장벽으로서 지극히 당연한 특성이기도 하다.

그런데 이 얇은 피막이 생물 내부에서는 어떤 때는 안쪽으로 함몰되어 세포 내부에 소포체라는 구획을 만들기도 한다. 즉 세포의 내부에 외부를 만드는 것이다. 또한 어떤 경우에는 소포체 피막은 세포 바깥쪽을 감싸는 피막과 융합한다. 이들 세포막의 운동은 빠른 경우에는 초단위로, 게다가 자유자재로 일어난다.

우리들의 멘토인 조지 펄레이드가 우리에게 남긴 숙제는 이러했다.

물리화학적으로는 안정적이며 불활성이기도 한 세포막
이 생물학적으로는 어째서 이다지도 역동적이고 빠른 속
도로 변화·변형할 수 있는 것일까?

이 물음에 대해 '관념론적'으로 답하기는 쉽다. 세포막
의 안과 밖 혹은 그 주변에는 눈에 보이지 않는 미세한
정령들이 항상 떠돌고 있으며 그들과 그녀들이 어떤 때
는 막을 밀고 어떤 때는 끌어당기며 또 어떤 때는 손에
손을 잡고 그것을 묶어 잘록하게 만들며 심한 경우는 밀
착시키기도 하는 것이라고.

그럼, 이 물음에 대한 '실제론적'인 답은 어떤 것일까?
바로 이것이다.

세포막의 안과 밖 혹은 그 주변에는 미세한 단백질이
다수 존재하는데, 항상 세포막과 상호작용을 일으키고 있
다. 단백질은 각각 고유의 구조에서 유래하는 상보성이
있다. 그 상보성으로 인해 어떤 단백질이 링 모양의 환을
형성하면 부드러운 세포막은 잘록해질 것이다. 소포체막
과 결합한 단백질 A가 세포막과 결합한 단백질 B와의 사
이에서 열쇠와 열쇠구멍 같은 특이한 결합을 일으킨다
면 소포체막의 그 부분은 세포막의 특정 부분으로 쏙 들
어갈 것이다. 또한 또 다른 막 결합형 단백질군이 세포막

의 안쪽을 따라 그 상보적 관계에 기초한 소쿠리 모양의 네트워크 구조를 형성하면 세포막은 소쿠리 곳곳에 실로 꿰매서 덮어씌운 얇은 천처럼, 어떤 경우에는 구면으로, 어떤 경우에는 아메바 같은 부정형으로, 때로는 적혈구처럼 옴폭 들어간 곡면을 만들 것이다.

즉 정령들이 잡는 손이란 단백질의 형태이며 생명현상이 보여주는 질서의 아름다움은 여기서도 역시 형태의 상보성에서 비롯된다.

그리고 펄레이드는 다음과 같이 말했다. '자, 가거라. 가서 구석구석 찾아라. 찾아내서 그 형태를 기록해라. 그러면 너는 세포라는 대가람(大伽藍)의 구조 원리를 깨닫는 최초의 인간이 될 것이다'라고.

## 다양하고 정교한 막의 움직임

조지 펄레이드가 췌장을 전자현미경으로 들여다봤을 때 우선 눈에 들어온 것은 이 사다리꼴 세포의 거의 절반 이상을 차지하는 수많은 과립이었다.

과립은 하나같이 크기와 형태가 일정한 거의 완전한 구형이었으며 그 내부는 까만색이었다. 전자현미경 아래서 까맣게 보이는 것은 그만큼 전자선을 흡수하는 것

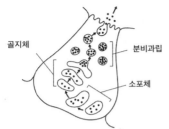

소화관으로 방출

골지체

분비과립

소포체

212쪽의 그림은 위상기하학의 개념을
도입하여 대략적으로 그린 그림이었는
데, 실제로는 분비되어야 할 단백질(이
경우 소화효소)은 우선 '내부의 내부'인
소포체 안으로 들어간 후 골지체라는 구
획을 거쳐 분비과립으로 채워진다. 우리
들은 바로 이 과정에 주목한 것이다.

이 꽉 들어차 있다는 것을 의미한다. 그는 이후에 구형의
과립 내부에는 단백질이 충전되어 있다는 사실을 밝혀
냈다. 그것은 췌장이 만들어내고 소화관으로 분비되는
소화효소군이다.

펄레이드가 밝혀낸 것은 세포 밖으로 분비되어야 할
단백질은 세포 안에서 합성될 때 우선 소포체 안으로 보
내진다는 사실이었다. 소포체의 안쪽이란 세포 내부에
존재하는 '외부'다. 분비 단백질은 처음에 여기에 갇히게
된다. 그다음에 소포체막의 일부가 부풀면서 혹처럼 돌
출된다. 분비 단백질(여기서는 소화효소)은 이 혹 내부에 꽉
차게 된다. 혹은 결국 소포체막으로부터 떨어져 나가듯
이탈하고 그 자체가 독립된 구체가 된다.

구체의 표면은 소포체막에서 유래하는 막으로 덮여
있고 그 내부에는 분비 단백질이 내포되어 있다. 이후 몇

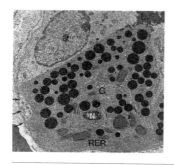

**전자현미경으로 본 췌장 세포**
검고 동그랗게 보이는 것이 분비과립,
N은 핵, RER은 소포체, G는 골지체, L은
소화관으로 통하는 관, 화살표는 분비를
자극하는 신경종말.
(촬영/필자)

몇 과정을 거쳐 그 구체는 세포 내부를 이동하면서 사다리꼴을 한 췌장 세포의 윗부분으로 모여든다. 췌장 세포 입장에서 볼 때 소화관으로 이어지는 분비관과 맞닿는 정수리 부분이다. 즉 췌장 세포는 아메바 같은 부정형이 아니라 제대로 상하와 전후좌우가 있다. 펄레이드가 관찰한 검은색 입자는 이곳에 모인, 소화효소 단백질을 비축해둔 이 구체군이었던 것이다.

그리고 이어서 이 장소에서 극적인 일이 일어난다. 구체를 감싸는 막의 일부와 세포 전체를 감싸는 막의 일부가 접근하여 접촉한 다음 순간 막끼리 융합하는 것이다. 그러면 구체의 내부와 외부 세계 사이에 길이 열리고 공간이 통하게 된다. 즉 세포 내부에 있었던 외부가 진짜 외부로 길을 트는 것이다. 이리하여 소화효소는 세포 밖으로, 즉 소화관을 향해 방출된다.

내가 독자 여러분들이 지루해할 것을 알면서도 일부러 이렇게 세세하게 세포의 내부 과정을 반복한 이유는 세포 내부에서 만들어진 소화효소가 세포 밖으로 나가기까지 얼마나 많은 단계의 막의 움직임이 관여하는지를 알아주기 바라는 마음에서다. 막의 돌출과 이탈, 구체의 형성, 세포 내 이동, 특정 세포막 영역으로의 이동, 세포막으로의 접근, 접촉, 막 융합 그리고 출구 형성. 만약 이 작은 구체를 덮는 막이 단순히 인지질로 이루어진 얇은 막이라면 결코 불가능했을 역동적인 일들이 잇달아, 자연스럽게, 훌륭할 정도로 정교하게 진행된다.

그리고 우리가 알아야 할 또 하나의 중요한 사실은, 이 역동성이 모두 이 작은 구체를 덮고 있는 막 위에 존재하는 단백질이 갖는 형태의 상보성에 의해 실현된다는 점이다.

그렇다면 우리들이 '나비'를 찾아야 할 섬은 저절로 한정되게 된다.

## 미지의 '나비'를 찾아

호랑나비 중에서도 적도 바로 아래의 태평양제도에 분포하는 푸른버드윙나비는 정말 아름답다. 그중에서도 안경버드윙이라 불리는 종은 커다란 날개에 선글라스 같은 검고 우아한 곡선 문양이 있고 금속 광택의 띠 도안이 빛난다. 거의 같은 문양임에도 불구하고 그 금속 광택은 서식지에 따라 확실히 달라진다. 에메랄드그린, 코발트블루 혹은 망고오렌지. 마치 형형색색의 브랜드 시계처럼 매력적인 구색이다.

빛나는 날갯짓을 하며 울창한 열대우림을 사뿐사뿐 날아다니는 신종 대형 버드윙을 세계 최초로 발견하여 채집망에 담는다. 그의 등을 타고 올라오는 날카로운 흥분은 어떤 것이었을까? 삼색으로 물든 버드윙에 붙여진 학명 끝부분에는 발견한 사람의 이름이 자랑스럽게 기재된다.

Troides (Ornithopetera) *priamus priamus* LINNÉ (에메랄드그린형)

Troides (Ornithopetera) *priamus urvillianus* GUÉRIN (코발트블루형)

Troides (Ornithopetera) *priamus lydius* FELDER (망고오렌지형)

버드윙을 쫓던 박물학자들이 원했던 것은 우선 세계의 구조를 밝히는 것이었음에 틀림없다. 도대체 어떻게 자연은 이렇게 치밀할 정도의 조형을 만들어낼 수 있는 것일까? 그 해답을 풀기 위해 그들이 할 수 있는 일은 단 하나, 자연의 묘기를 일일이 기재해나가는 것뿐이며 실제로 그들은 그것을 찾아 구석구석을 헤맸다(물론 여기서 박물학자들이 이루어낸 '발견'이란 서구 사회에 의한 자연의 '재'발견에 불과하다. 그러나 여기서는 일단 그 문제는 접어두기로 하자).

좀 거창하게 말하자면, 그리고 우리가 채집하고자 했던 아주 작고 작은 그리고 색깔이 없는 지그소 퍼즐 조각을 극채색의 버드윙에 비견하는 불손을 잠시만 용서해준다면, 새로운 미지의 단백질을 찾으려 했던 당시 우리들의 내부에 샘솟던 감각은 보르네오나 뉴기니의 밀림을 헤매고 다니던 채집가들의 흥분과 동일한 것이었다고 감히 말할 수 있다. 우리 분자생물학자들 역시 세계의 구조를 알고 싶었던 것이다.

## 단백질을 '채집'하는 방법

자, 그렇다면 새로운 단백질을 '채집'하고 그것을 '기재'한다는 것은 도대체 어떤 작업을 말하는 것일까?

우리는 우선 세포막의 역동성을 담당하는 단백질은 췌장 세포 안에 다수 존재하며 소화효소를 내포하는 과립의 막과 결합한 형태라고 생각했다. 즉 나비의 채집 지역을 이 구체로 정한 것이다. 다음에는 세포 안에서 과립만을 모으는 방법을 찾았다.

췌장 세포를 현미경으로 보면 크기는 높이 10마이크로미터, 윗변 10마이크로미터, 밑변 30마이크로미터 정도의 사다리꼴임을 알 수 있다. 두께도 30마이크로미터 정도다. 그 안에 소화효소를 채워 넣은, 지름이 1마이크로미터인 구형 과립이 다수 존재한다.

화학적으로 가장 바깥쪽의 세포막을 녹이는 약제는 얼마든지 있다. 그것으로 처리하면 세포는 파괴되고 세포 안의 성분은 모두 밖으로 흘러나올 것이다. 그러나 세포 안의 소포체나 소포체에서 유래하는 과립류까지 모두 세포막과 같은 막으로 만들어진 구조이므로 세포막을 녹이는 약제는 소포체나 과립까지 녹여버리고 만다. 따라서 화학적인 방법을 사용하기는 어렵다. 원시적이지만 이런 경우 효과적인 것은 물리적 파괴, 즉 세포를 완전히 짓이기는 방법이다.

이 짓이기는 방법에는 특별한 노하우가 있다. 테플론으로 만든 피스톤이 유리 시험관 안에서 상하로 움직일 수 있는 기구가 있다. 피스톤은 유리 몸체 안쪽 지름과 딱 맞도록 제작된다. 그러나 자세히 보면 테플론 피스톤은 유리관과의 사이에 아주 미세한 틈을 갖도록 정밀하게 연마되어 있다. 그 틈은 약 20마이크로미터 정도다.

이 유리 시험관에 췌장 세포를 생리식염수(생체 내에서

세포가 잠겨 있는 환경을 재현한 용액)와 함께 넣는다. 그리고 위에서부터 테플론 피스톤을 쑥쑥 밀어 넣는다. 압력이 가해진 생리식염수는 세포와 함께 도망칠 곳을 찾아 유리관과 피스톤 사이의 미세한 틈으로 몰려든다. 그러나 그 틈은 세포가 아무 상처 없이 빠져나오기에는 너무 좁다. 그 결과 세포는 짓이겨진다. 그러나 세포 내의 소기관, 특히 지름이 1마이크로미터밖에 되지 않는 구형 과립은 대부분이 그대로 통과할 수 있다.

피스톤을 천천히 여러 번 상하 운동시키는 사이에 세포는 하나하나 파괴되어간다. 한편 세포 안에 있던 소기관은 상처 없이 식염수 속에서 분해된다.

하지만 이 단계에서 식염수 안에 존재하는 것은 세포 내에 있던 과립뿐만이 아니다. 세포보다 훨씬 작은 세포 내 소기관, 즉 핵과 미토콘드리아, 소포체와 골지체, 그리고 짓이겨진 세포막의 단편 등 잡다한 것들의 혼합물인 것이다. 그 안에서 과립만을 추출해야 한다.

여기서 위력을 발휘하는 것이 원심기라는 장치다. 강화 플라스틱으로 만들어진 시험관을 로터라 불리는 주물 철제 원뿔대 안에 방사형으로 나열한다. 로터는 강력한 모터와 직접 연결된 축에 장착되어 있는데 밀폐된 드럼 내부에서 고속으로 회전한다. 그러면 시험관에는 원심력에 의해 발생한 강력한 중력이 가해진다. 시험관 안에 방금 전에 조제한 세포 소기관 혼합물을 넣는다. 잡다한 성분은 무거운 것부터(정확히 말하면 밀도가 높은 것) 빨리 가라앉는다(시험관 밑면으로 밀려난다).

원심기는 로터의 크기, 회전 수(1분 동안 수백에서 수만 번 회전이 가능하다), 회전 시간 등을 자유롭게 설정할 수 있다. 또한 시험관에 세포와 함께 넣는 용액의 종류도 바꿀 수 있다(밀도가 높은 용액을 사용하면 그만큼 세포 성분은 잘 가라앉지 않아 좀 더 세세하게 분류할 수 있다). 이런 여러 조건을 조합하여 잡다한 세포 내 성분 속에서 원하는 특정 성분만을 순화할 수 있다. 이를 밀도구배원심분리법이라 한다.

세포 내 성분 가운데 가장 크고 무거운 것은 DNA를 감싸고 있는 핵이다. 그래서 우선 이것을 침전시키는 원심 조건으로 모은 다음 버린다. 남은 성분 가운데 밀도가 높은 것은 원하는 소화효소를 포함한 과립과 미토콘드리아다. 이 두 가지 성분의 밀도는 서로 아주 비슷하지만 소화효소가 들어 있는 과립의 밀도가 조금 더 높다. 여기서 원심 조건을 약간만 조정해주면 시험관 바닥에 우선 과립이 가라앉고, 그 위에 미토콘드리아가 살포시 내려 앉을 것이다. 미토콘드리아는 엷은 갈색을 띠고 있으므로 과립과는 구별된다. 가늘고 긴 유리 스포이드로 신중하고 정성스럽게 미토콘드리아 층을 빨아들인다.

이리하여 우리는 거의 순수하게 과립만을 모을 수 있었다. 하지만 채집 여행은 이제부터 시작이다.

## 또 한 번의 정제

우리가 찾고자 하는 것은 과립 표면의 막에 결합해 있는 단백질이다. 이것들이 과립막의 움직임을 조정한다. 즉 우리가 원하는 것은 귤의 껍질이지 알맹이가 아니다. 과립의 '알맹이'란 이 경우 안에 들어 있는 소화효소 단백질을 가리킨다.

우리는 이번에는 화학적 약제를 사용하여 과립의 막을 살짝 파괴한다. 이 균열을 통해 과립 내부의 소화효소가 밖으로 흘러나오도록 한다. 남은 껍질 부분, 즉 과립막을 생리식염수에 넣었다 뺐다 흔들면서 소화효소를 걸러낸다. 이렇게 해두고 마지막으로 초원심분리기라는 초고속으로 회전하는 원심 조작을 통해 과립막을 시험관 바닥으로 모이게 한다. 이 조작은 용액 안에 흩어져 있던 막 조각들을 농축하여 모으는 것이기도 하다.

이리하여 췌장 세포 안에서 특별한 성분, 즉 과립막만을 선택적으로 단리 정제할 수 있다. 우리는 몇 번이고 이 과정을 반복해서 최적의 정제 조건을 결정한다.

정제의 출발 재료로는 물론 대형 동물의 췌장만큼 좋은 게 없다. 쥐 같은 작은 동물은 사육하고 다루기는 쉽지만 향후 실험에 필요한 양의 과립막을 모으려면 많은 수의 동물을 해하여야 한다. 우리는 정제를 할 때 개의 췌장을 사용하기로 했다. 개 한 마리의 췌장은 쥐 백 마리의 췌장과 같은 양이다.

사실 우리 연구실 아래층에는 하버드대학 의학부의 고명한 심장연구팀이 자리했다. 그들은 매일같이 개를 실험 대상으로 심기능 데이터를 구했다. 정말 안된 일이지만 그날 그들의 실험이 끝나면 심장이나 혈관에 여러 개의 튜브가 꽂히고 전극이 삽입된 불쌍한 개는 그대로 안락사에 의한 임종을 맞는다. 그 직전, 대기하고 있던 우리 방에 내선전화가 울리고 보스턴 사투리가 들린다.

"신이치, 우린 끝났어. 넌 준비됐어?"

얼음을 가득 채운 쿨러박스를 짊어지고 서둘러 계단을 내려간다. 방금 적출된 심장에는 아직 온기가 남아 있는데 마치 커다란 분홍색 명란젓 같다. 재빨리 가운 속에 스키용 다운 재킷을 껴입고 섭씨 4도의 저온실로 들어간다. 모든 정제 과정은 세포에 미치는 영향을 최소한으로 줄이기 위해서 저온에서 이루어져야 하기 때문이다.

# 제13장

# 막(膜)에 형태를 제공하는 것

## 다른 팀과의 경쟁

내가 소속되어 있던 하버드대학 의학부 연구동은 보스턴 중심부에서 노면전차를 타고 서쪽 방향으로 15분 정도 거리에 있는 롱우드라는 곳에 있었는데 여러 개의 병원과 함께 의학 구역(medical area)을 형성하고 있었다.

가까이에 다른 대학이나 고등학교도 있었고, 그 건물들은 동그란 모양의 리스처럼 좁은 길로 연결되어 있었다. 그 길을 따라 수로와 초목이 있고, 길은 군데군데 돌다리를 통해 수로를 건너며 이쪽에서 저쪽으로 자리를 옮겼다. 나중에 알게 된 사실인데 그 길은 뉴욕 맨해튼에 있는 센트럴파크를 디자인하여 '도시 경관'이라는 개념을 만들어낸 F. L. 옴스테드(Frederick Law Olmsted)의 도시

공원 계획으로서, 보스턴 시가를 빙 두르는 에메랄드 목걸이라 불리는 작품이었다.

그 길을 따라 걷다 보면 연구동에서 상당히 가까운 곳에 이사벨라스튜어트가드너미술관이 있었다. 보스턴에서 생활하면서 수개월 동안 나는 이 아담하고 품위 있는 베네치아풍의 하얀 건물 앞을 수없이 지나쳤다. 미술관 이름이 새겨진 현판을 흘깃 쳐다보며, 그러나 안을 볼 수 있는 기회는 항상 놓치며 지나갔다. 정확히 말하면 당시의 나는 찬찬히 그림을 감상할 여유가 없었던 것이다.

아름다운 나비를 발견하는 데 2등은 있을 수 없는 것처럼 새로운 단백질을 발견하는 데도 2등은 없다.

우리가 찾아 헤매던 그것을 세계적으로 적어도 세 팀 이상이 경쟁적으로 찾고 있다는 사실도 서로 알고 있었다. 그리고 너도나도 자신보다 먼저 상대 팀이 목표에 도달할지도 모른다는 압박감에 시달리고 있었다. 1등을 한 팀만이 그 자리에 깃발을 꽂고 소유권을 주장할 수 있다. 2등에게는 아무런 보상도 주어지지 않는다.

존재 장소가 그 단백질의 기능을 시사한다. 췌장의 소화효소 분비 세포 안에 있으며, 소화효소로 채워진 분비과립이라 불리는 구획을 둘러싼 막 위에만 존재하는 단백질. 그것이 이 막의 역동성을 관장함에 틀림없었다. 그렇기 때문에 우리는 애써 췌장에서 분비과립막만을 정제하고, 거기에 어떤 단백질이 존재하는가를 알려고 했던 것이다.

정제된 분비과립막을 분석해보면 거기에는 여러 개의 단백질이 존재함을 알 수 있다. 이 시점에서 알 수 있는 것은 그 단백질의 대략의 크기(분자량)와 존재량뿐이다. 단백질은 폴리아크릴아마이드겔이라 불리는 얇은 판 위에 부연 그림자처럼 나타난다.

그중에 유난히 많이 존재하는 단백질이 하나 있었다. 우리는 그 단백질을 GP2라는 무기질적이고 단순한 이름으로 불렀다. 기능도 성질도 아직 아무것도 몰랐기 때문이다. GP는 글리코(당)프로틴의 약자로, 이 단백질은 아미노산 외에 당으로 만들어진 사슬을 몸에 걸치고 있다는 사실을 다른 분석법을 통해 알아냈다. GP2의 2는 폴리아크릴아마이드겔에 늘어선 순서가 두 번째였다는 이유로 붙여졌다.

그러나 우리에게는 이 단백질이 분비과립막의 움직임에 있어 중요한 기능을 담당할 거라는 확신이 있었다. 이 단백질이 기묘한 행위를 하는 것을 발견했기 때문이다. 어쩌면 다른 경쟁 팀은 이 사실을 아직 모를지도 모른다. 그것은 우리 어깨를 한층 더 무겁게 했다.

## GP2의 기묘한 행위

보통 세포의 내부는 산성도 아니고 알칼리성도 아닌 중성이다. 산성과 알칼리성의 척도는 pH(피에이치 혹은 독일식으로 페하)라 불리며 pH7이 가운데 값으로 중성, pH가 6이나 5로 떨어지면 산성, 8이나 9로 오르면 알칼리성으로 기운다. 세포 내 pH는 중성보다 약간 높은 pH7.2~7.4 정도로 유지된다. 이는 일반적인 효소반응 등 생명 활동에 가장 적합한 pH다.

세포 내부를 본뜬 중성 pH 용액을 넣은 시험관에 GP2를 넣으면 무슨 일이 일어날까? 아무 일도 일어나지 않는다. GP2는 물에 녹기 쉬운 아주 평범한 단백질로서 거기에 존재할 뿐이다. 그런데 GP2를 pH5 혹은 pH6과 같은 약산성 상태에 두면 어떻게 될까? GP2는 시험관 바닥으로 가라앉는다. GP2를 산성에 두면 분자끼리 서로 모여 커다란 덩어리를 이루면서 침전하는 것이다.

너무나 기묘하게도 침전된 GP2를 다시 중성 pH에 넣으면 뭉쳐 있던 GP2 분자는 뿔뿔이 흩어져 용액 안으로 녹아든다. 즉 GP2는 pH의 중성→산성의 변화에 의존하여 가용성→침전의 변화를 일으키고, 또한 이 상태의 변화는 가역적(왕복이 가능한)인 것이다. 이 작은 발견은 그러나, 우리를 크게 흥분시켰다.

세포 내부에 다시 한번 닫힌 막으로 둘러싸인 세계로 만들어진 분비과립의 내부는 세포 입장에서 보자면 외부라 할 수 있다. 그리고 당시는 그 안에 있는 외부 세계의 pH가 세포 안은 중성인 데 반해 산성 쪽으로 기울어 있다는 사실을 막 알기 시작한 때였다.

또 하나 중요한 사실이 있었다. 분비과립은 세포 안에 있으며 내부에 소화효소를 비축하고 있다. 분비과립의 막은 바깥쪽이 세포 내부로 향하고, 안쪽이 과립 내부로 향하고 있는 게 된다. 즉 분비과립의 바깥쪽은 중성 pH, 안쪽은 산성 pH에 노출되어 있다. 막은 각기 다른 pH 환경의 벽으로 둘러쳐 있다. 중요한 사실이란, GP2가 그 꼬리를 분비과립의 막에 묶어두고, 분비과립의 안쪽, 즉 산성 쪽으로 본체를 향하고 있음을 발견한 것이다.

막에 대해 단백질이 어떤 방향으로 결합하고 있느냐 또한 세포생물학에서 중요한 위상기하학적 문제다. 위상기하학이 장소를, 한정된 장소가 기능을 정하기 때문이다.

세포는 자신의 내부에 또 다른 내부를 만들어 그것을 외부로 삼는다. 이러한 구획 설정은 그것만으로도 질서의 창출이 된다. 구획 안과 밖에서 개개의 환경을 만들어내고 각각 개별적으로 반응하고 활동할 수 있기 때문이다. 단백질의 위상기하학도 그 역할에 따라 어느 세상과 접하며 살 것인가가 엄밀히 정해진다.

분비과립막에 결합되어 있는 GP2가 막에 대해 바깥쪽을 향하고 있느냐, 아니면 안쪽을 향하고 있느냐 하는 위상기하학은 '눈으로' 확인할 수는 없지만 이를 화학적으로 조사할 수 있는 방법이 있다.

췌장 세포에서 분비과립을 상처 없이 추출하는 방법은 앞서 설명했다. 이 분비과립에 단백질에 결합하는 특수한 표식 화합물을 뿌린다. 단 이 표식 화합물은 그 성질상 분비과립의 막을 빠져나가 내부로 들어갈 수는 없다. 일정 시간이 지난 후 화합물을 씻어낸다. 그러고 나서 분비과립을 부수고 막만 정제하여 분석한다. 만약 GP2가 막의 외부에 존재한다면 표식 화합물과 결합한 상태일 것이다. 반대로 GP2가 막 안쪽에 존재한다면 반응에서 격리되어 있었으므로 표식 화합물은 결합되어 있지 않을 것이다. 이 방법을 통해 GP2의 위상기하학이 결정되었다.

## 막의 질서는 어떻게 조직화되는가

우리가 GP2를 산성 pH에 노출시켜 그 움직임을 살펴본 것은 세포 내부의 내부에서 GP2가 무엇을 하고 있는지 알고 싶었기 때문이다. GP2는 산성 pH에서는 상호분자 집합을 일으켜 응집체를 형성한다. 참고로 이 시험관 내 실험은 GP2의 꼬리 부분을 특수한 효소로 절단하여 막에서 분리시킨 GP2를 모아 실시했다. 실제 GP2는 한쪽 끝이 막과 연결되어 있다.

풍선을 손에 쥔 아이들이 놀고 있는 모습을 상상해보자. 풍선은 GP2, 풍선과 아이의 손을 연결하는 실은 GP2와 막을 잇는 특수한 결합, 그리고 아이들은 막을 구성하는 인지질군이다. 아이들이 풍선을 쥔 채로 전후좌우로 돌아다니듯이 GP2를 부여잡고 있는 인지질도 막을 전후좌우로 움직이게 할 수 있다. 다만 운동장에서 놀고 있는 아이들처럼 그 움직임은 막이라는 2차원 평면상에서의 이동으로 한정된다.

여기서부터는 순수한 추리가 된다. 세포를 구성하고 그 내부에 구획을 만드는 막은 원래 상당히 안정된, 또한 유연한 얇은 시트다. 이는 아무것도 하지 않는 한 부정형의, 쉽게 말해 아메바처럼 기복이 있는 형태다. 질서는 이 부정형 시트에서, 예를 들면 구형의 분비과립막을 만들어내는 과정을 통해 창출된다. 그러기 위해서는 도대체 어떤 힘이 어떤 구조로 작용하는 것일까?

아마 처음에는 아메바 모양의 부정형 시트로 둘러싸인 어떤 구획 내부의 pH가 떨어지는 현상부터 일어날 것이다. 막 위에 존재하는 프로톤펌프라는 특수한 장치가 구획 안으로 프로톤(수소 이온)을 운반함으로써 구획 내부의 pH가 내려간다.

부정형 시트는 다수의 인지질 분자가 2차원적으로 정렬한 것이다. 그중에는 GP2와 결합한 인지질이 존재하는데 대다수는 아무것과도 결합하지 않은 그저 인지질일 뿐이다. 운동장에 있는 아이들 중 몇몇만이 풍선을 쥐고 있는 형국이다. 풍선을 가진 아이들은 그 시점에서는 아직 다른 아이들 사이에 산재해 있다.

이윽고 pH는 6 혹은 5.5 정도까지 떨어지다가 멈춘다. 자, 이번에는 무슨 일이 일어날까? 풍선은 pH의 변화에 따라 그 표면의 화학 구조가 변화하여 서로 결합 가능한 요철(凹凸)을 만든다. 풍선은 이 요철의 상보성에 기초하여 결합을 시작하고 점차적으로 2차원적인 집합을 형성할 것이다. 자, 그다음은 어떻게 될까? 지금까지 풍선을 쥐고 아무렇게나 뛰어다니던 아이들은 풍선 집합에 이

끌리듯 점차 특정 장소로 강제적으로 모이게 된다.

세포 내부에서 부정형 막의 일부가 특수화되고, 분비과립막이 형성될 때 생성되는 메커니즘은 바로 이런 것이 아닐까? 우리는 그렇게 생각했다. 풍선이 모이면서 같이 모이게 된 아이들은 이때 군집 안에 부유하는 '뗏목'이 된다. 이 뗏목이 분비과립의 막을 형성하는 것이다. 뗏목은 이 시점에서는 더욱 평면적인 집합이다.

여기서 가령 GP2라는 단백질이 동그랗지 않고 '뜀틀' 같은 사다리꼴이라 상상해보자(그러나 뜀틀은 같은 길이의 실로 아이들과 이어져 있다). 그러면 pH의 산성화와 더불어 분자 집합하는 뜀틀은 결합하면서 사다리꼴의 변과 변이 밀착되고 평면이 아닌 완만한 곡면을 만들어갈 것이다. 그러면 뜀틀과 이어진 아이들의 뗏목도 평면이었다가 볼록 튀어나온 곡면으로 바뀔 것이다.

이는 다름 아닌 부정형 막의 일부로부터 분비과립이 되기 위해 출아를 시작한 돔이 조직화되는 순간이다.

이 과정이 한 단계 더 진행되면 GP2는 막을 둥글게 지탱하는 안감 구조를 만들고, GP2의 네트워크 구조가 확대되면서 막은 점점 동그랗게 되어간다. 다음은 이 부분에 분비되어야 할 단백질—이 경우에는 소화효소—이 채워지고 출아한 돔형 막이 잘록해지다가 끊어지면 분비과립이 완성되고 원래의 막에서 떨어져 나가는 것이다.

우리는 이것이 정말 멋진 아이디어라고 생각했다. 막과 이어진 단백질의 형태적 상보성에 의해 막의 질서가 조직화되는 것이다. 그 동력은 pH의 산성화에 따른 단백질 자신의 구조 변화다. 그러므로 분비과립 내부는 산성 pH이며, GP2는 분비과립막 안쪽과 결합해 있는 단백질로서는 가장 많은 양이 존재한다.

다른 세포생물학 과학자가 발표하는 연구 성과 하나하나가 모두 우리에게 용기를 주었다. 세포 안의 프로톤펌프를 멈추게 하는 약제를 세포에 뿌리면 형성 중이던 분비과립은 일제히 동작을 멈춘다는 데이터가 발표되었다. 그럴 것이다. 프로톤펌프가 정지하면 구획 내의 pH는 산성화되지 않는다. 그렇게 되면 GP2는 상호 결합할 수 없게 된다. 분비과립막의 조직화는 불가능해지는 것이다. 그런데 이 사실을 알고 있는 것은 우리뿐이었다.

아니면 이렇게 생각할 수도 있었다. 소화효소 단백질을 약산성 조건에 두면 소화효소끼리 헐렁하게 결합하면서 커다란 집단을 형성한다. 산성화를 원동력으로 삼아 막이 구형으로 조직화될 때, 사실은 그 막 안에 채워져야 할 '내용물' 역시 산성화를 동력 삼아 스스로 모이고 있는 것이다. 아, 자연은 얼마나 단순하며 조화로운

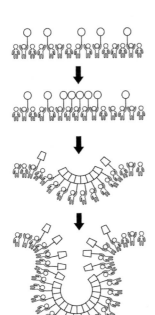

① 몇몇 아이(막을 구성하는 인지질)는 풍선(GP2)를 가지고 있다.

② pH가 산성화되면 풍선끼리 모여 결합하기 시작한다. 그에 이끌려 아이들도 서로 모인다.

③ 풍선은 사실은 사다리꼴이며, 모이면서 곡면상으로 늘어선다. 이에 따라 아이들도 볼록하게 늘어선다.

④ 풍선은 마치 옷의 안감처럼 동그랗게 덧댄 것 같은 구조를 만들고, 아이들은 출아하여 소포를 형성한다.

가. 우리들의 흥분 역시 커다란 덩어리가 되어 우리 몸 속 저 깊은 곳에서 솟아오름을 느낄 수 있었다.

## 롤러 작전

하지만 이것만 가지고는 우리가 신종 버드윙을 발견했다고 할 수는 없었다. 우리는 밀림을 스치듯 빠르게 날아가는 나비의 그림자를 보았을 뿐, 그것이 정말 아직 발견되지 않은 중요한 신종 나비인지 어떤지는 증명하지 못한 것이다. 우리는 나비를 확실히 채집망 안에 넣어 형태를 비롯해 앞과 뒤의 문양이 선명하게 보이도록 날개를 똑바로 펼쳐서 표본으로 제시해야 한다.

성질과 크기가 비슷한 단백질은 여럿 존재한다. 즉 지그소 퍼즐 조각은 그게 그거 같은 법이다. 비슷해 보이는 단백질에 각각 고유한 형태를 부여하는 것은 그 단백질을 구성하는 아미노산의 독특한 배열이다.

아미노산과 단백질의 관계는 문자와 문장의 관계라 할 수 있다. 마치 알파벳의 나열 순서가 특별한 문장을 만들어내듯 염주 알처럼 수십, 수백 개가 이어진 아미노산의 배열 순서야말로 한 단백질을 다른 단백질과 구분하는 문양이 된다.

그렇다면 중요한 기능을 하는 새로운 단백질을 발견했다고 주장하기 위해서는 그 단백질의 모든 아미노산 배열 순서를 결정하고, 그것이 아직 알려지지 않은 것임을 증명해야 한다. 이렇게 함으로써 비로소 신종 나비는 그 존재를 인정받게 되는 것이다.

GP2의 크기로 봐서 이 단백질은 약 500개의 아미노산이 연결된 것으로 추정되었다. 500개의 아미노산 배열 순서를 단 한 개도 틀리지 않고 모두 정확히 결정해야 한다. 단백질로부터 하나하나 아미노산을 분리시키고, 그것이 스무 종이나 되는 아미노산 중에 어떤 것인가를 결정해나간다. 이 작업을 500번 반복해야 한다. 연구 자금이 아무리 풍족하고 정제된 순도 높은 GP2가 아무리 많아도 500번을 반복하기란 지금이라 해도 기술적으로 너무나 어려운 과제다.

당시, 즉 1980년대 후반, 우리가 취할 수 있었던 방법은 한 가지밖에 없었다. 단백질 자체의 아미노산 배열을 모두 결정하는 것은 포기하고 그 아미노산 배열을 지정하고 있는 유전자 코드를 해독하는 방법이다.

이미 언급했듯이 아미노산 하나를 지정하는 유전자는 세 개의 염기 배열이다. 그러므로 500개의 아미노산으로 이루어지는 단백질의 유전자는 1500개의 염기로 이루어진다. 문자의 개수는 단번에 세 배로 껑충 뛰지만 압도적으로 유리한 측면이 있다. 그것은 염기가 A, T, C, G라는 네 문자로만 되어 있기 때문이다. 아미노산을 밝혀내기 위해서는 비슷한 성질의 스무 종 중에서 같은 것을 찾아내야 하고 그러기 위해서는 분리 정밀도가 높아야 한다. 그 점에서 스무 종보다는 네 종의 다른 문자 중에서 찾아내는 것이 쉽다. 즉 약간의 노이즈로는 시그널이 잘 흐트

러지지 않는다는 뜻이다.

그리고 무엇보다 유전자는 증식시킬 수가 있다. 예를 들면 멀리스가 발명한 중합효소연쇄반응(PCR)으로 말이다. 실험을 하면 할수록 샘플이 점점 줄어드는 단백질처럼 두려워할 필요가 없는 것이다.

최대의 문제는 GP2의 유전자가 게놈 안 어디에 위치하고 있느냐를 알아내는 일이었다. 게놈은 30억 염기라는 정보량을 갖는다. 그중에서 GP2의 1,500 염기의 장소를 찾아내야 하는 것이다. 그것은 지도도 없이 누군가의 집을 찾아 헤매는 것과 같다.

게놈 프로젝트가 완성된 지금으로서는 아주 바보 같은, 비능률적인 행위로 보일 것이다. 모든 게놈 배열 정보는 완전히 전자화된 상세한 주택 지도다. 이름 혹은 주소 중 극히 일부만 알아도 컴퓨터상에서 조합을 해 순식간에 주소를 찾아낼 수 있다.

그렇지만 바로 10여 년 전만 해도 우리들의 수중에는 제대로 된 지도 한 장이 없었다. 우리가 할 수 있는 일은 집집마다 찾아가 노크하면서 종이에 적힌 인상착의와 실제 주인을 비교하는, 소위 말하는 롤러 작업과도 같은 수작업이었다. 우리는 이 롤러 작업을 수도 없이 반복하면서 서서히 GP2 유전자의 존재 장소를 좁혀나갔다.

전자메일도 인터넷 환경도 정비되어 있지 않았지만 보이지 않는 포도 넝쿨은 신기할 정도로 전 세계로 뻗어 있었다. 그 넝쿨을 통해 참인지 거짓인지 그 자리에서는 판별할 수 없는 소문이 항상 떠돌았다. 뉴욕대학 팀이 GP2의 중요성을 깨닫고 찾아내기 위해 열을 올리고 있다거나 독일의 한 과학자가 앞서가고 있다는 소문이 들려왔다. 그들은 거의 목적지에 다다른 것 같았다.

나는 조금도 여유가 없었다. 항상 뭔가에 쫓기는 것 같았다. 신간호 학술지를 펼쳐보기가 두려웠다. 누군가가 GP2 유전자의 구조를 발표하는 꿈을 꾸곤 했다.

## 작은 한 조각

달력상으로는 봄을 맞이했지만 수로는 아직 얼어 있었다. 간간이 나무에 봉긋이 매달린 꽃봉오리가 다른 계절이 곧 다가올 것임을 알려주었지만 꽃망울을 터뜨릴 기색은 전혀 없었다. 볼에 닿는 바람이 아주 조금 부드럽게 느껴질 무렵에야 겨우 옴스테드공원 산책로 주변의 노란 개나리가 일제히 얼굴을 내밀었다. 그제야 사람들은 겨우 안심하고 밖을 돌아다닐 수 있게 되었다.

그 긴 보스턴의 겨울이 물러갈 무렵인 3월 말의 어느

날이었다. 아침부터 강한 바람이 불었지만 이미 겨울 바람의 날카로움은 느낄 수 없었다. 우리 팀은 확실히 목표에는 가까이 다가갔지만 도달점까지 얼마나 남았는지는 아무도 알지 못했다. 나는 연구실에 도착하자마자 실험 가운으로 갈아입고 즉시 어젯밤 하던 일을 계속하려 했다. 그때 로베르트라는 이탈리아인 동료가 다가왔다.

"신이치, 얘기 들었어? 도둑맞았어."

순간, 나는 할 말을 잃었다. 로베르트의 얘기를 들으면서 결국은 그 말이 그 친구 특유의 장난이었음을 깨달았다. 도둑맞은 것은 우리들의 유전자가 아니었다. 그렇지만 그것은 훨씬 더 스릴 넘치는 사건이었다. 바람은 그 전날 밤부터 불고 있었다.

무대는 하버드대학 의학부에서 겨우 몇 블록 떨어진 곳에 있는 이사벨라스튜어트가드너미술관이었다. 새벽 한 시쯤, 보스턴 시경 제복을 입은 한 경관이 급히 미술관을 방문했다. 경관은 놀라며 대응하던 미술관 경비원에게 인터폰 너머로 이렇게 말했다. 이 미술관에 도둑이 침입했다는 연락을 받았으니 안을 살펴봐야겠다고.

침입자의 흔적 같은 건 전혀 느끼지 못했지만 그는 경관의 긴박한 분위기에 압도되어 문을 열어주었다. 분명 거기에는 경관이 서 있었다. 경비원이 뭔가 일이 잘못되었음을 깨달았을 때는 이미 늦었다. 다음 순간 경비원은 포박당했다. 경관처럼 차려입은 범인은 계단 위의 목표물로 직행했음에 틀림없다. 그는 다른 소장품에는 눈길도 주지 않은 채 얀 베르메르(Jan Vermeer)의 명화 〈합주〉 앞에서 걸음을 멈췄다.

아침에 청소부가 와서야 비로소 사건이 알려졌다. 범인은 이 미술관이 재정난으로 인해 첨단 도난 방지 시스템을 갖추지 못했다는 사실을 사전에 알고 있었을 것이다. 치밀한 계획을 세우고 기회를 노리다가 실행에 옮겨 성공했다. 전 세계에 흩어져 있는 베르메르의 몇 안 되는 작품 가운데 〈합주〉만이 아직까지 행방불명이다. 보스턴에 있는 동안 언젠가는 꼭 보리라 생각했지만 결국 그 기회는 오지 않았다. 로베르트는 잊지 않고 이 말을 덧붙였다.

"난 도둑맞기 전에 그 그림을 봤지."

그해 가을, 우리 팀은 목표로 하던 GP2 유전자를 확인했고, 그 모든 아미노산 배열 순서를 미세포생물학회에 발표했다. 경쟁 팀도 같은 학회에서 우리 것과 완전히 똑같은 구조를 발표했다. 공동 우승이었다. 상대방의 작업이 옳았음을 확인하는 순간이기도 했다. 인간 게놈의 전모가 밝혀진 지금으로서는 그 발표도 많은 지그소 퍼즐 중 작은 한 조각에 불과하지만 말이다.

## 제14장
# 수 · 타이밍 · 녹아웃 마우스

## 어떤 파트의 역할을 알아내려면?

　텔레비전 뒤로 돌아가 뒤쪽 패널을 떼어내보자. 그러면 거기에는 빨갛고 노랗고 초록색으로 된 작은 부품들이 시침 바늘처럼 빽빽하게 배열되어 있을 것이다. 물론 내가 말하고 있는 것은 '옛날' 스타일의 브라운관 텔레비전이다. 최근의 초박형 텔레비전은 내부를 들여다볼 수 없게 만들어져 있다.

　그런데 그 자잘한 시침 바늘 가운데 뭔가 하나, 예를 들면 이 노란 삼각다리 부품이 도대체 어떤 역할을 하는지 알아보기 위해서는 어떻게 하면 될까?

　현미경으로 그 내부를 들여다볼 수 있다 하더라도 복잡한 층판 구조만 보일 뿐, 그 역할에 대해 얻는 소득은 거의 없을 것이다.

그것보다 훨씬 효과적인 방법이 있다. 다소 원시적이기는 하지만 그 부품을 제거했을 때 텔레비전이 어떻게 되는지를 시험해보는 것이다. 니퍼로 다리 부분을 절단한 순간, 텔레비전의 소리가 꺼졌다면 그 부품은 소리를 내는 일에 관여하고 있다고 추정할 수 있다. 만약 화면에서 색이 사라졌다면 그 부품은 화면에 색을 입히는 데 어떤 역할을 하고 있음에 틀림없다.

생물학에서도 마찬가지다. 지금까지 봐왔던 것처럼, 생명체의 형태를 정하는 요소는 지그소 퍼즐의 조각에 해당하는 것, 즉 단백질이다. 어떤 단백질이 생명현상에서 어떤 역할을 하는지를 알아내기 위한 가장 직접적인 방법은 그 단백질이 존재하지 않는 상태를 만들고 그때 생명에 어떤 문제가 생기는지를 살펴보는 것이다.

우리는 췌장 세포에 존재하는 단백질 GP2를 확보했다. 그 GP2를 가지고 우리가 하려 했던 실험은 바로 다음과 같은 것들이었다.

우리에게는 GP2가 세포막의 역동성에 중요한 역할을 하고 있다는 확신이 있었다. 무엇보다도 GP2의 구조나 성질이 여실히 그것을 시사하고 있었다. 그리고 췌장의 소화효소를 운반하는 분비과립막에 결합되어 있는 단백질 가운데 GP2가 가장 대량으로 존재한다. 중요하기 때문에 많이 존재하는 것이다.

따라서 GP2의 생물학적 존재 의의의 중요성을 GP2를 발견한 우리뿐 아니라 다른 사람들에게도 확신시키기 위해서는 GP2가 없어서는 안 될 단백질이라는 것을 명시할 필요가 있었다. 그것은 결국 GP2가 존재하지 않는 상태를 만들고, 그때 췌장이 대공황에 빠지는 것을 실험적으로 제시하는 것이었다.

GP2가 없다면 세포막은 풍선이 없는 아이들이 무작위로 뛰어다니는 무질서 상태가 된다. 막이 조직화되지 못하면 절대 분비과립을 형성할 수 없을 것이다. 생쥐 같은 실험동물을 통해 이런 상태를 만들고 그 췌장을 현미경으로 관찰하면 이는 분명해질 것이다. 췌장 세포 내의 막 운동은 정지하고 분비과립은 일체 모습을 감출 것이다. 그 모습을 찍은 극적인 현미경 사진이 전문 학술지 표지를 장식하고 영원토록 과학자들의 기억에 남을 것이다.

## 설계도를 파괴하다

단백질이 텔레비전의 다이오드나 트랜지스터와 가장 다른 점은 동일한 단백질이 분자 수로 치자면 수만, 수억

이나 산재해 있다는 사실이다. 트랜지스터 한 개를 뽑는 것과는 차원이 달라, 생체 내에 존재하는 수억 개나 되는 분자를 일제히 '존재하지 않는 상태'로 만들기는 불가능하다.

그럼 어떻게 하면 좋을까? 설계도를 파괴하면 된다. 단백질의 구조는 그 아미노산 배열에 의존하고 있고, 아미노산 배열은 DNA의 염기 배열로 코드화되어 게놈 위에 새겨져 있다. 그러므로 이론상, 섬세한 외과 수술을 통해 게놈에서 특정 염기 배열을 제거하면 그곳에 코드화되어 있는 단백질을 만들어낼 수 없게 된다.

이 실험은 생물학 역사에서 살펴보면 우선 대장균이나 효모 같은 단세포생물을 대상으로 실시되었다. 단세포생물에는 설계도로서의 DNA가 하나밖에 없다. 어떤 대장균의 게놈에서 특정 단백질의 데이터를 없앨 수 있다면 세포분열에 의해 그 대장균 게놈을 계승할 손자 대장균은 모두 그 단백질을 생산할 수 없게 된다. 그 상태에서 대장균의 모습을 관찰하면 된다. 어떤 문제가 생기는지를 조사하면 되는 것이다.

그리고 실제로 자연은 이미 불규칙적인 형태로 그런 시험을 하고 있다. 돌연변이가 바로 그것이다. 대장균은 수십 분에 한 번 분열하여 자손을 늘린다. 2가 4가 되고,

4가 8이 되며, 8은 16이 된다. 그때마다 게놈 DNA가 복제된다. 그러나 그때 아주 낮은 확률로 실수가 생긴다. 유전 암호의 철자가 틀리거나 빠지거나 한다. 이런 실수는 DNA의 염기 배열상 어떤 특정 부분에서만 일어나며, 아주 경미한 실수도 있지만 코드화되어 있는 단백질을 한 개 통째로 무효화할 정도로 중대한 실수도 있다.

대장균은 샬레 위에서 동시에 수십만 마리(정확히 말하면 수십만 콜로니. 1콜로니는 단일 대장균에서 유래하는 균일한 자손의 집단이다)나 생육할 수 있다. 그러므로 극히 낮은 확률로 일어나는 복제상의 실수라 하더라도 많은 수의 대상을 걸러낼 수 있으며 그중에서 돌연변이체를 선발할 수 있다.

이런 방법으로 다수의 흥미로운 돌연변이가 발견되고 유전자상의 실수와 단백질의 기능 결함, 그리고 그 결함이 초래하는 이상 사이의 관계를 대응시킬 수 있게 되었다. 예를 들면 어떤 단백질 A가 존재하지 않으면 그 대장균은 증식하지 못한다. 왜냐하면 단백질 A가 없으면 대장균은 생육에 필요한 영양소 B를 만들어낼 수 없기 때문이다. 따라서 '단백질 A는 영양소 B의 합성 효소다'라는 '생물학'이 성립되는 것이다.

드디어 과학자들은 복제 실수로 인한 돌연변이체의

발생을 자연의 변덕에 의한 우연에만 의존하지 않고 보다 인위적이며 높은 확률로 발생시키는 방법을 생각해 냈다. 대장균에 화학물질을 투여하여 DNA 복제를 방해하거나 방사선을 쏘아 DNA에 손상을 주는 방법 등이 그것이다(이런 연구는 또한 우리 DNA에 위협이 되는 것은 무엇인가를 파악하는 과정이기도 하다. 그런 연유로 오늘날 우리들이 담배에 함유된 변이원성 물질을 기피하고 체르노빌의 임계사고를 비극으로 기억하고 있는 것이다).

이처럼 유전자를 인위적으로 파괴하여 그 파급 효과를 조사하는 방법을 '녹아웃 실험'이라 한다. 유전자를 KO(녹아웃)시킨다는 미국인 특유의 거친 표현이다.

우리가 하려고 했던 것이 바로 GP2 녹아웃 실험이었다. 그것도 대장균이 아니라 쥐 같은 다세포동물을 대상으로. GP2는 대장균 같은 단세포생물에는 존재하지 않고 고등동물에서 활약하는 단백질이기 때문이다.

## 녹아웃 실험의 장벽

생물학의 역사는 방법의 역사이기도 하다. 녹아웃 실험을 단세포생물이 아닌, 다세포생물에 적용하기에는 높은 기술적 장벽이 있었다.

다세포생물에는 하나하나의 세포에 게놈이 한 개씩 존재한다. 그러므로 전신에서 어떤 단백질의 존재를 없애기 위해서는 모든 세포의 모든 게놈을 상대로 데이터를 없애는 작업을 해야만 한다. 사람이든 생쥐 같은 실험동물이든 하나의 개체는 수십조 개의 세포로 이루어져 있다. 따라서 개개의 세포에 대해 녹아웃 실험을 하는 것은 도저히 불가능한 일이다.

그렇다면 출발점으로 돌아갈 수밖에 없다. 그것은 바로 수정란이다. 만약 수정란의 유전자 중 어떤 데이터를 소거할 수 있다면 어떻게 될까? 수정란에서 출발한 모든 세포는 같은 게놈 복사본을 계승하므로 온몸의 세포 가운데 특정 단백질의 존재를 지울 수 있게 된다. 적어도 이론적으로는.

여기서도 자연에 의한 우연적인 실험의 예가 있다. 유전성의 선천성 결핍 질환이 바로 그것이다. 수정란상의 유전자 이상이 전신의 세포에 반영된 결과 장애가 발생한다. 그것을 우연이 아니라 의도적으로, 그것도 GP2 유전자만을 표적으로 삼아 일으켜볼 수 있을까?

단세포생물의 경우, 어떤 특정한 유전자를 제거(녹아웃)하는 실험이 실현 가능한 것은 의도적이고 자유롭게 그 실험을 할 수 있기 때문이 아니다. '수'가 가능하게 하는 것이다. 우연히 특정 유전자가 녹아웃된 세포를 수많은 세포 중에서 선별할 수 있기 때문이다. 샬레 위의 수십만, 수백만이나 되는 세포 중에서 말이다.

하지만 고등생물의 수정란으로는 이런 실험을 할 수가 없다. 수정란을 수십만이라는 규모로 대량 수집할 수가 없기 때문이다.

그리고 또 다른 문제는, 수정란은 결코 실험하는 사람을 위해 '멈춰 서서 기다려주지 않는다'는 것이다. 수정란이 샬레 위에서 생육할 수 있는 것은 수정 직후의 정말 짧은 시간 동안뿐이며 그다음은 모태 환경에서만 정상적인 세포분열과 분화가 진행된다. 수정된 순간, 발생과 분화의 시계는 돌아가기 시작하여 멈추지 않고, 결코 되돌아오는 일 없이 프로그램을 진행시킨다. 여기서 무리하게 실험적인 개입을 하게 되면 수정란은 발생을 멈춰버린다.

즉 단세포생물을 상대로 했던 조작의 여지―낮은 확률이지만 유전자에 변이를 일으키고 성공적으로 변이가 일어난 세포를 다수 중에서 선발하는―가 성립되는 타이밍이 존재할 수 없는 것이다. 수와 타이밍의 문제.

그러나 서광은 예상치 못한 지점에서 비추기 시작했다.

# 129계 마우스

보스턴은 뉴욕으로부터 북쪽으로 약 200킬로미터 떨어진 곳에 위치해 있다. 보스턴에서 95번 주간고속도로를 타고 북쪽으로 올라가다 보면 곧 매사추세츠 주가 끝나고 뉴햄프셔 주가 시작된다.

95번 도로는 완만한 기복이 반복되면서 광대한 삼림지대를 뚫고 지나간다. 노란 단풍나무를 중심으로 한 낙엽광엽수림과 가느다란 침엽수림이 모자이크 모양으로 띠를 형성하고 있다. 강에 가로놓인 좁은 다리에는 나무로 된 지붕이 얹혀 있다. 눈이 많이 올 때를 대비한 것이다. 도로는 해안 지대로 나와 항구가 있는 작은 마을을 통과한다. 거기에는 대서양의 차가운 파도가 들이치고, 콘크리트로 된 방파제에는 바닷가재를 잡기 위한 네모난 바구니가 쌓여 있다.

그곳을 지나면 또 다른 주 경계로 접어든다. 조금만 더가면 북미 최동북 지역에 자리한 메인 주다. 해안선은 복잡하고 작은 섬들이 산재해 있다. 위도는 45도에 가까워 일본으로 치자면 홋카이도 아바시리보다 북쪽이다. 이미 보스턴으로부터도 수백 킬로미터 더 북쪽에 와 있다. 자동차는 바다 쪽으로 나와 다리를 건넌다. 마운트디저

트아일랜드. 구불구불한 길을 따라 고지대로 이동하다 보면 느닷없이 하얀 건물들이 눈앞에 펼쳐진다. 잘 모르는 상태에서 이곳을 방문한 사람이라면 인가와 떨어진 곳에 위치한 이 거대한 종교 시설과도 같은 커다란 건물에 당황할 것이다. 이 건물이 더잭슨연구소다.

로빈 쿡(Robin Cook)의 전형적인 의학 미스터리에서라면 미치광이 과학자가 몰래 인체실험을 하고 있을 것 같은 장소지만 실제로는 전혀 다르다. 이곳 잭슨연구소는 세계를 향해 열린 곳이다. 그리고 전 세계에서 가장 유명한 마우스 연구 거점이다. 이 장소에서 지난 75년 동안 순계(純系) 마우스, 돌연변이 마우스, 질환 모델 마우스 등이 잇달아 개발되었고, 그 탁월한 시스템에 의해 전 세계의 생물학과 기초의학 연구에 지대한 공헌을 했다.

이야기는 지금으로부터 50여 년 전으로 거슬러 올라간다. 루돌프 쉰하이머가 뉴욕에서 숨을 거둔 후에 왓슨과 크릭, 로절린드 프랭클린이 DNA의 이중나선 구조에 도달한 것과 절묘하게도 같은 1953년이다.

잭슨연구소의 젊은 연구원이던 르로이 스티븐스(Leroy Stevens)는 연구소에서 사육하는 무수한 마우스 중에 이상한 녀석을 발견했다. 그 마우스에는 129계통이라는 딱딱한 이름이 붙어 있었다. 물론 그는 그 번호가 수십 년

후에 위대한 아이콘이 될 것이라는 사실을 알지 못했다. 그는 그저 그 마우스의 고환에 생긴 종양에만 관심이 있었다.

그것은 심술꾸러기 신의 장난이라 할 만한 기괴한 것이었다. 종양은 일반적으로는 개성 없는, 그저 증식만이 목적인 세포 덩어리에 불과한데, 129계 마우스에 생긴 종양은 달랐다. 그 종양에는 털이 나 있었던 것이다. 근육 세포와 신경 세포가 뒤섞인 부분도 있었다. 또한 심장처럼 맥이 뛰는 세포도 있었다. 심지어는 작은 이빨이 나 있는 것도 있었다. 즉 그 종양은 모든 종류의 세포가 뒤죽박죽 섞여 있는 모습이었던 것이다.

처음에는 이게 대체 무슨 일인지 전혀 알 수가 없었다. 그러나 혼돈스럽게 보이기만 했던 종양은 스티븐스의 머릿속에서 서서히 형태를 잡아갔다. 그것은 신의 장난이 아니다. 고환의 일부로 분화해야 할 '줄기세포'가 본래 나아가야 할 방향을 잃고 될 수 있는 모든 형태의 세포로 변한 것임에 틀림없었다.

스티븐스는 당시 '줄기세포'가 아닌 원시세포라는 단어를 사용했다. 그러나 그의 통찰은 정곡을 찌르는 것이었다. 129계 마우스의 분화 프로그램 시계에는 수와 타이밍에 관한 '불협화음'이 내포되어 있었던 것이다.

## ES세포란 무엇인가

그다음에 전개된 ES(embryonic stem)세포를 둘러싼 드라마를 추적하려면 아마 책을 한 권 더 써야 할 것이다. 그리고 그 드라마 주인공 중에서는 미래의 노벨상 수상자가 한 손으로 꼽기에는 부족할 정도로 많이 출현할 것임도 분명하다. 그러나 여기서는 그 긴 스토리를 굳이 짧게 요약하더라도 양해해주기 바란다.

1980년도 초반, 케임브리지대학 소속 마틴 에반스(Martin Evans)의 연구실, 그리고 그의 수제자였던 게일 마틴이 있던 캘리포니아대학 연구실에서 거의 동시에 르로이 스티븐스의 129계 마우스의 배아(수정란이 분열을 시작하고 나서 일정 시간이 경과한 세포 덩어리)에서 줄기세포를 추출하는 데 성공했다. 129계 마우스에는 스티븐스가 발견한 것 같은 기묘한 종양을 유발하는 세포뿐 아니라 온갖 장소에 둥지를 틀고 뭔가가 될 타이밍을 기다리는 세포가 다수 존재하고 있었던 것이다.

바로 배아성 줄기세포(ES cell)가 태어나는 순간이었다. 이 ES세포는 수와 타이밍에 있어 원래 생명의 프로그램을 가지고 있는 시간 축에 대한 예외 없는 일방성에서 벗어난 희귀한 성질을 가지고 있었다. ES세포를 원래의 세포에서 분리하여 샬레 위에 놓고 영양을 주면서 키우면 분화 프로그램이 정지한다. 그러나 세포분열은 멈추지 않는다. 아무런 개성 없이 그저 무한히 증식할 수 있다. 즉 타이밍이 멈춘 채로 숫자만 증가하는 것이다.

그리고 놀랍게도 별도로 만든 마우스의 배아 속에 가는 피펫을 이용해 증가한 ES세포를 집어넣으면 ES세포는 그 마우스의 배아 세포군과 잘 융화하여 배아의 일부로 변하고, 분화의 프로그램을 재현시키면서 드디어 아주 건강한 한 마리의 마우스로 성장한다. 즉 ES세포는 종양 같은 혼돈을 유발하는 게 아니라 질서에 맞게 행동하는 정상적인 원시세포인 것이다.

이때 마우스의 몸 중 어떤 부분은 ES세포에서 비롯된, 그리고 다른 부분은 ES세포가 이식된 배아에서 비롯된 세포로 형성된다. 즉 ES세포는 어떤 세포로도 분화할 수 있는 잠재성을 내재하고 있는 것이다(단 ES세포는 신경이나 근육, 치아나 털과 같은 다양한 분화세포가 될 수는 있지만 ES세포만으로 완전한 한 개체를 이루지는 못한다. 즉 ES세포는 분화 기능은 있지만 수정란이 갖는 전능성은 없는 것이다).

이런 성질이 고등 다세포생물의 유전자 녹아웃을 가능하게 만들었다. ES세포는 샬레 위에서 분화하지 않은 채로 무한히 세포분열을 반복하여 수십 만, 수백 만 개까지 증식이 가능하다. 즉 이는 대장균처럼 ES세포를 동시에 다수 조작할 수 있다는 뜻이 된다. 이제 비로소 수와 타이밍의 문제가 해결된 것이다.

아주 드문 경우지만 ES세포 내부의 게놈상에서 GP2를 코드화하는 유전자를 의도적으로 결손시킨 것을 만들 수가 있다. 이는 100만 분의 1 이하의 확률이다. 그러나 ES세포는 그 수를 얼마든지 증가시킬 수 있어 끈기만 있다면 목적으로 하는 GP2 유전자 결손 세포를 100만 개의 ES세포 중에서 걸러 선별할 수 있다. 그동안 분화는 정지된 상태이므로. 129계의 ES세포가 연구원이 작업하는 동안 기다려준다는 것이다.

## GP2 녹아웃 마우스의 탄생

이리하여 우리는 다세포생물이 분화할 때의 수와 타이밍에 관한 상식에서 벗어나 GP2 유전자가 파괴된 ES세포를 만들고 선별하는 데 성공했다.

우리는 뛰는 가슴을 진정시키고 한 발 한 발 신중하게 앞으로 나갔다. 이 특별한 ES세포를 충분한 수로 증식시킨 다음 절반을 냉동 보존했다. 귀중한 세포는 아주 작은 플라스틱 튜브에 담겨 영하 195도의 액체질소 드럼 속으로 들어갔다. 앞으로 실험이 어떤 문제로 인해 실패하더라도 이 냉동 보존한 ES세포를 해동하여 다시 한번 그 지점에서 실험을 재개할 수 있게 된 것이다.

한편 우리는 새끼를 가진 마우스로부터 배아를 채취했다. 그 배아에 ES세포를 이식하는 시기가 중요하다. 냉동되어 있던 분화 프로그램을 재개하는 타이밍이 아주 결정적이기 때문이다.

수정란은 잇달아 세포분열을 반복하면서 배아를 만들어간다. 수정 5일째 정도에서 배반포(胚盤胞)라 불리는 속이 빈 공 모양의 세포군 덩어리가 된다. 이때 아주 가는 유리 피펫을 이용해 ES세포를 속이 빈 배아 세포 내부에 이식한다. 이렇게 해서 만들어진 배반포를 이미 유사 임신 상태로 만들어둔 대리모 마우스의 자궁에 이식해 태아가 성장하는 과정을 지켜본다. 모든 단계에는 최고로 숙련된 기술과 실험 설비가 필요하다. 실제로 각 단계별로 일곱 자릿수의 연구비가 소요됐다.

대리모 마우스에서 태어난 새끼 마우스의 털은 검은 바탕에 갈색 '반점'이 있었다. 새끼 마우스는 하나의 개체로서 통합되어 있지만 ES세포와 배반포 세포가 혼재하고 있는 것이다. ES세포는 129계 마우스에서 나온 것이고, 129계 마우스의 털 색깔은 옅은 갈색이다. 배반포는 일부러 129계와는 털 색깔이 다른, 예를 들면 검은색 마우스가 사용된다. 그러면 이 두 계통이 만나서 태어난 마우스 곳곳에는 양쪽의 모자이크가 드러나고, 털 색깔은 그 단적인 지표가 된다. 이런 마우스를 키메라라고 부른다. 우리는 새끼들이 반점을 갖고 있다는 사실에 안도했다. 여기까지는 순조로웠다.

그러나 지금부터가 더 중요하다. 우리는 GP2가 부분적인 세포에서뿐 아니라 '전신의 세포에서' 사라진 마우스를 만들어 GP2가 어떤 영향을 미치는지를 알고 싶었다. 따라서 GP2 유전자가 결여된 ES세포가 모자이크 형태로 산재하는 키메라 마우스가 아닌, 전신의 세포가 ES세포로 만들어진 완전한 녹아웃 마우스가 필요했다.

그러기 위해서는 무엇이 필요할까? 그것은 요행이 작용하여 키메라 마우스의 정자 혹은 난자의 세포가 ES세포에서 유래한 것이기를 기원하는 수밖에 없다. 배반포의 내부에 주입된 ES세포가 개체가 되었을 때 어느 부분으로 가서 어느 정도의 모자이크를 만들어내는가는 순전히 우연에 의존할 수밖에 없다. 완전히 제어되고 있는 것처럼 보이는 ES세포 조작 기술도 그 핵심 부분은 블랙홀인 것이다.

우리는 ES세포를 품고 있는 배반포를 여러 개 만들어

가능한 한 많은 수의 새끼 마우스를 탄생시켰다. 행운을 잡으려면 수적으로 유리해야 한다. 이렇게 해서 만들어진 키메라 마우스가 새끼를 갖게 하여 다음 세대의 자손을 만든다. 그 새끼를 다시 교배시킨다. 운 좋게 ES세포에서 비롯된 정자와 ES세포에서 비롯된 난자가 출현하고, 그 정자와 난자가 수정했을 때 완전한 녹아웃 마우스가 탄생한다. 모든 세포가 129계의 ES세포에서 비롯됐기 때문에 이 마우스의 털은 129계와 같은 갈색, 한 가지 색이다.

드디어 GP2 녹아웃 마우스가 탄생했다. 그 마우스는 모든 세포가 ES세포를 모체로 하고 있고, 모든 세포에서 GP2를 만들어낼 수 없었다. 즉 이 마우스 내부에는 GP2가 아예 존재하지 않는 것이다. 그 결과 이 마우스의 췌장 세포에서는 믿을 수 없는 이상 현상이 전개되고 있을 것이다.

하지만 GP2 녹아웃 마우스는 육안으로 보기에는 아무런 이상도 없는 보통 마우스 같았다. 마우스는 플라스틱 우리 안에서 겁에 질린 듯 이리저리 빙빙 돌았다. 그러나 자연의 경이로움은 세부적인 곳에 머물고 있었다. 나는 그중 한 마리를 골라 마취를 하고 조심스럽게 췌장을 적출했다. 그 췌장을 특별한 시약으로 고정시킨 후 현미경으로 관찰하기 위한 현미경 표본을 만들었다. 엷은 조각이 된 췌장 표본은 옅은 분홍색을 띤 투명한 꽃잎처럼 작은 슬라이드글라스 위에 붙어 있었다.

나는 표본을 현미경 스테이지 위에 올려놓고 천천히 다이얼을 돌리면서 초점을 맞춰갔다. 분홍색의 시계(視界)가 상을 맺어갔다. 나는 숨을 멈췄다. 사다리꼴의 췌장 세포. 둥근 핵. 막대 모양의 미토콘드리아. 그 안에 산재한 완전한 구형의 분비과립. 나는 스테이지를 전후좌우로 움직이면서 시계를 이곳저곳으로 이동시켰다. 핵. 미토콘드리아. 완전한 구형의 분비과립. 세포의 표정은 조용하고 균일했다. 이상한 기운은 전혀 없었다. 현미경 아래, 원형의 시야에 펼쳐진 GP2 녹아웃 마우스의 세포는 모든 면에서 완전한 정상이었다.

# 제15장
# 시간이라는 이름의
# 돌이킬 수 없는 종이접기

## 녹아웃시켰는데……

우리는 혼란스러웠다. 그리고 실망했다. 마우스는 GP2 단백질이 전혀 존재하지 않아도 아무런 이상이 없었다. 세포 내부에는 완전히 정상적인 분비과립이 평범한 모습으로 존재하고 있었다. 분비과립막이 조직화하는 데 GP2가 중대하고 필수적인 역할을 한다는 우리의 가설은 보기 좋게 깨지고 말았다.

우리는 먼저 우리가 택한 방법에 잘못된 점은 없었는지 의심해봤다. 가설은 옳았는데 어떤 기술적인 잘못으로 인해 GP2를 완전히 제거하지 못한 것은 아닐까. 녹아웃 마우스의 DNA, 메신저인 RNA 그리고 GP2 단백질의 유무에 대해 조사했다. DNA 차원에서 유전자는 확실히 녹아웃되었고, GP2의 메신저인 RNA는 만들어지지 않았다. 결과적으로 이 마우스에는 GP2 분자가 하나도 없었다. 그럼에도 불구하고 마우스는 쌩쌩하다.

그렇다면 역시 우리의 가설이 틀렸던 것일까? 아니면 GP2라는 것은 중요하지도 않고 필수적이지도 않은 분자였던 것일까? 보통 마우스에는 GP2가 분비과립막에 꽉 들어차 있다. 그런데 GP2가 있어도 그만 없어도 그만인 존재란 말인가?

텔레비전 내부에 꽂혀 있는 부품들을 남김없이 다 뽑았는데도 텔레비전 화면이 정상적으로 나오고 화상도 소리도 아무런 문제가 없다. 눈앞에 그런 실험 결과가 펼쳐지는데 어떤 생각이 들겠는가. 전혀 불필요한 부품들이 가득 꽂혀 있었다는 것은 경제적으로 생각했을 때 있을 수 없는 일이다. 어떤 필요한 기능을 담당하고 있기 때문에 부품은 그 자리에 배치된 것이다.

생명현상에서도 마찬가지다. 불필요한 짐을 짊어지고 있는 생물은 그만큼 생존경쟁에서 불리하다. 생물은 진화하면서 가능한 한 효율적인 시스템을 선택해왔다는 견해가 바로 그로 인해 나온 것이다. 맹장이나 편도선처럼 제거해도 생명에는 이상이 없는 것들도 있다. 그렇지만 맹장이나 편도선은 완전히 무용지물이라 할 수는 없으며 특별한 상황에서는 면역기관으로서 나름의 기능을 한다. 공중위생 면에서 그다지 염려할 것이 없는 현대사회에서는 더 이상 필수적이지 않은 존재가 되었을 뿐이다.

텔레비전 부품의 경우도 다음과 같이 생각해볼 수 있다. 이 부품은 일반적인 작동에는 관여하지 않지만 특별한 조작(예를 들면 DVD 녹화나 자막 표시 혹은 음성다중 방송으로 전환할 때)에 필요하다고 말이다. 따라서 그 부품이 빠졌을 때는 특수한 상황에서만 영향이 나타난다.

우리들도 GP2의 '특별한' 역할을 찾기 위해 마우스를 여러 가지 특별한 상황에 두어보았다. 먹을 것을 많이 주어서 평소보다 많은 소화효소가 필요한 상황, 거꾸로 일정 기간 동안 먹을 것을 주지 않아 단백질이 결핍된 상황, 물을 주지 않아 몸의 이온 균형에 부하가 걸린 상황, 장기간 사육하여 노화가 진행된 상황 등.

그러나 어떤 상황에서도 GP2 녹아웃 마우스와 비교 대상인 정상 마우스와의 사이에 행동적인 측면에서건 대사적·생화학적 지표에서건 특별한 차이가 없었다. 역시 GP2는 무용지물이었단 말인가. 아니면 우리가 중대한 착오를 했거나 뭔가를 간과한 것일까?

## 광우병 프리온 단백질의 경우

　유전자를 녹아웃시켰음에도 불구하고 아무런 이상이 없다―. 내가 흥미를 가지고 연구하고 있는 또 하나의 연구 주제에서도 이와 일치하는 현상이 존재한다. 바로 광우병을 일으키는 것으로 알려진 프리온 단백질의 역할이다.

　프리온 단백질이란 척추동물의 뇌세포에 존재하는 단백질로, 췌장의 GP2와 마찬가지로 GPI앵커라는 시스템(이는 GP2를 설명하면서 풍선(GP2 분자)의 '실'에 해당하는 부분이라 기술했다)에 의해 세포막과 연결되어 있다. 그리고 이 또한 그 기능에 대해서는 GP2처럼 이런저런 추측은 나돌고 있지만 정확한 답은 없다. 다양하고 특수한 방법으로 세포막과 결합하고 있으므로 세포막의 운동이나 막 안팎의 정보 전달에 관여하고 있을 것으로 추정되지만 그 역할에 대해서는 전혀 알 길이 없다.

　하지만 한 가지 밝혀진 것은 소가 광우병에 걸리면 뇌 안에 있던 프리온 단백질의 입체 구조가 변하면서 이상한 형태가 된다는 것이다. 이상형(異常型) 프리온 단백질은 응집하기 쉬운 성질로 변해서 많은 분자가 뭉쳐 뇌 안에 가라앉아 들러붙는다. 이런 현상이 진행되면 뇌 세포가 상처를 입어 기립 불능, 행동 이상, 혼수상태 등 광우병 특유의 증상이 나타나다가 최종적으로는 죽음에 이르고 만다.

그렇다면 이상형이 아닌 정상형 프리온은 어떤 기능을 담당하고 있는 것일까? 이걸 명확히 알아낸다면 광우병의 원인에 대한 실마리를 잡을 수 있을 것이다.

그래서 유전자 녹아웃 실험이 기획되었다. 소를 가지고 녹아웃 실험을 할 수 없는 건 아니지만 장소도 그렇고 기술적으로도 상당히 힘든 작업이다. 그래서 이번에도 늘 실험 대상이던 마우스를 사용하기로 한 것이다. 마우스에도 프리온 단백질이 존재하고 광우병에 걸린 소의 뇌를 마우스에 투여하여 마우스를 광서병(狂鼠病)에 걸리게 할 수 있다. 즉 마우스는 광우병에 감염되어 광우병 모델이 되는 것이다. 세계 최초로 이 실험을 한 것은 스위스의 한 연구팀이었다.

처음에는 프리온 단백질 유전자를 녹아웃시킨 마우스가 광우병에 걸린 소와 같은 증상, 즉 보행 장애 등의 신경 증상을 보일 거라 예상했다. 광우병에 걸린 소가 신경 증상을 보이는 것은 병으로 인해 정상형 프리온 단백질이 변성됨으로써, 즉 정상형 프리온 단백질 본래의 기능을 잃음으로써 유발되는 것이라 생각했기 때문이다.

그런데⋯⋯ 프리온 단백질을 녹아웃시킨 마우스는 정상적으로 태어났고 성장 후에도 건강함 그 자체로, 아무런 이상도 발견되지 않았다. 스위스 연구팀은 긴 시간 동안 이 마우스를 주의 깊게 분석했다. 그렇지만 여전히 아무런 이상도 발견할 수 없었다. 마우스의 수명은 2년 정도인데 녹아웃 마우스라고 해서 그보다 수명이 짧지도 않았고, 죽을 때쯤에도 특별한 신경 증상은 나타나지 않았다. 생존하고 건강을 유지하는 데 프리온 단백질은 없어도 문제되지 않는 것 같았다.

## 불완전한 유전자를 이식하면

그래서 그들은 다음과 같은 실험을 기획했다. 이 프리온 단백질 녹아웃 마우스에 다시 한번 정상적인 프리온 단백질 유전자를 이식하면 어떻게 될까? 물론 제거했던 유전자를 그대로 원래 자리로 돌려놓으면 건강한 마우스와 같아져서 아무 일도 일어나지 않을 것이다. 사실 실험 결과도 그랬다.

그런데—이것이 과학자들이 비뚤어진 측면 혹은 끝도 없는 흥미의 원천이기도 하지만—실험에 변화를 줘봤다. 녹아웃 마우스에 프리온 단백질 유전자를 그대로 다시 이식시키면서 부분적으로 불완전한 프리온 단백질 유전자를 섞은 것이다.

이때 사용된 '불완전한 유전자'란 프리온 단백질의 머리 부분에서 약 3분의 1을 제거한 분자를 코드화한 것이다. 요즘 세상에는 유전자공학 기술이 발달해 이런 미세한 DNA 세공이 얼마든지 가능하다. 유전자를 자르고 붙이고 잇고 교환하는 일은 문자 그대로 풀과 가위로 종이 공예를 하는 것처럼 간단하다. 가위에 해당하는 것이 DNA를 절단하는 제한효소이며 풀에 해당하는 것이 리가아제라는 DNA 결합효소다. 여기에 PCR 기술이 이용되기도 한다. 이처럼 인공적으로 세공한 유전자를 다시 생물 개체로 돌려놓는 실험을 녹아웃에 반대되는 의미로 유전자 녹인(knock-in) 실험이라 한다.

머리부터 약 3분의 1을 제거한 프리온 단백질 유전자는 어떤 단백질을 만들어낼까? 뒷부분 3분의 2로 이루어진 아미노산 사슬은 뇌 안에서 접혀 불완전한 프리온 단백질이 된다. 즉 불완전한 지그소 퍼즐 조각을 만들어낸다. 그것은 마치 凸의 여섯 획 중에 두 획을 없앤 것과 같다. 나머지 네 획은 그 주변 조각과 완전하게 결합한다.

이런 불완전한 프리온 단백질 분자를 이식한 마우스는 어떻게 될까?

태어나서 얼마 동안은 아무 일도 일어나지 않았다. 그런데 이 마우스는 차차 이상한 행동을 보이기 시작했다. 잘 걷지 못하고 선반에서 떨어졌으며 몸을 떨었다. 이런 증상은 운동실조증(ataxia)이라 불리는데, 운동을 관장하는 뇌의 장애에 기인한다. 결국 마우스는 쇠약해져 죽고 말았다. 불완전한 형태의 프리온 단백질은 뇌의 구조를 서서히 변화시켰던 것이다.

## 생명은 기계가 아니다

이 일련의 사태는 도대체 무엇을 의미하는 것일까? 프리온 단백질을 완전히 제거한 마우스에게서는 아무런 이상도 발견되지 않았다. 이 지그소 퍼즐은 없으면 없는 대로 특별히 이상을 유발하지는 않는 것이다.

그런데 머리부터 3분의 1을 잃은 불완전한 프리온 단백질, 즉 부분적인 결함을 지닌 지그소 퍼즐은 마우스에 치명적인 이상을 유발하고 말았다.

텔레비전 회로를 구성하는 소자에서도 이런 일이 일어날 수 있을까? 그 조각을 제거해도 텔레비전은 제대로 나온다. 그런데 그 조각을 약간 망가뜨리면 텔레비전이 말을 듣지 않는다. 이런 경우가 있을까? 일반적으로는 그 반대다. 조각이 일부만 손상되었다면 약간 일그러지더라도 화면은 나올지 모른다. 그러나 한 조각이 통째로 빠져버렸다면 화면은 먹통일 것이다.

그런데 부분적인 결함이 더 파괴적인 피해를 유발하고 오히려 애초에 조각이 없는 편이 말썽이 없다. 이런 시스템의 정체는 과연 무엇이란 말인가?

그렇다. 역시 우리는 중대한 착오를 했거나 못 보고 지나친 것이 있었던 것이다. 중대한 착오란 단적으로 말하면 "생명이란 무엇인가?"라는 기본적인 질문에 대한 어리석은 인식이다. 그리고 간과했던 것은 '시간'이라는 단어였다.

생명이란 텔레비전 같은 기계가 아니다. 그 둘을 비교하는 것 자체가 커다란 착오인 것이다. 우리가 했던 유전자 녹아웃 조작이란 기계에서 소자를 빼는 행위와는 다른 종류의 그 무엇이었다.

우리의 생명은 수정란이 만들어진 그 순간부터 행진을 시작한다. 그것은 시간의 축에 따라 흘러가며, 후퇴할 수 없는 일방통행이다.

다양한 분자, 즉 생명현상을 관장하는 미세한 지그소 퍼즐은 어떤 특정한 장소에서 특정 타이밍을 기다렸다가 만들어진다. 거기에는 새로 만들어진 조각과 지금까

지 만들어져온 조각 사이에 형태의 상보성에 기초한 상
호작용이 태어난다. 그 상호작용은 항상 이합과 집산을
반복하면서 네트워크를 넓히고 동적인 평형 상태를 유
지한다. 일정한 동적평형 상태가 완성되면 그것이 신호
가 되어 다음 단계의 동적평형 상태로 들어간다.

 그런 과정에서 특정 장소, 특정 타이밍에 만들어져야
할 조각 중에 한 종류가 출현하지 않으면 어떻게 될까?
동적인 평형 상태는 가능한 한 그 결함을 메우기 위해 자
신의 평형점을 이동시켜 조정을 시도한다. 그런 완충 능
력이 동적평형이라는 시스템의 본질이기 때문이다. 평
형은 자신의 요소에 결함이 생기면 그것을 메우는 방향
으로 이동하고, 과잉 상태가 되면 그것을 흡수하는 방향
으로 이동한다.

 효소 같은 조각의 결함으로 인해 어떤 반응이 진행되
지 않으면 동적평형은 다른 경로를 만들어 우회 반응을
확대한다. 구조적인 조각의 결함이 벽돌 담장에 구멍을
뚫었다면 비슷한 모양의 조각을 만들어 그 구멍을 메우
려 하는 것이다. 그래서 생명현상에는 사전에 다양한 중
복과 과잉이 준비되어 있다. 유사한 유전자가 여럿 존재
하고, 같은 생산물을 얻기 위해 다른 반응계가 존재한다.

 어떤 유전자를 녹아웃시켰음에도 불구하고 수정란을

비롯해 새끼 마우스까지 탄생시켰다는 것은 곧 그 과정에서 동적평형이 무슨 수를 써서든 결여된 조각을 보완해 가면서 분화·발생 프로그램을 끝까지 완수했다는 뜻이다. 반작용의 귀결, 즉 복고주의에 입각한 새로운 평형이 탄생했다는 의미이기도 하다.

## 동적평형계의 허용성

하지만 어떤 조각의 결여가 결정적인 피해를 초래하여 동적평형계가 그 영향을 최소화하려 해도 도저히 회복이 불가능할 때는 무슨 일이 일어날까?

발생 과정은 다음 단계로 넘어가지 못하고, 그 과정은 그 시점에서 종말을 맞는다. 즉 분화가 진행되던 세포 덩어리는 마우스의 형태를 갖춰가던 그 단계에서 정지되고 만다. 동적평형이 그 발걸음을 멈췄을 때 엔트로피의 법칙은 가차없이 엄습한다. 세포 덩어리는 스스로 용해되어 눈 깜짝할 사이에 모체로 흡수되어 사라진다. 즉 이런 치명적인 유전자 녹아웃 실험의 결과는 눈으로 확인할 수가 없다는 얘기다.

실제로 과거에 시도되었던 유전자 녹아웃 실험은 개체에 아무런 이상도 일어나지 않는 경우가 종종 있었던 한편으로 탄생을 맞이하지 못한 채 배아의 분화가 정지된 치명적인 경우도 많았다. 치명적인 녹아웃 실험이 알려주는 것은 그 유전자가 발생상 없어서는 안 될 중요한 조각이라는 것뿐이다. 그 조각이 어떤 필요성이 있는 존재인가는 아무도 모른 채 프로그램은 종료된다.

이런 치명적인 결여가 아니라 그 결여에 대한 보충이나 우회가 가능한 경우, 동적평형계는 어떻게 해서든 그 자리를 메워서 시스템을 최적화하는 응답성과 가변성을 지니고 있다. 그것이 '동적인' 평형의 특성이기도 하다. 이는 때때로 생명현상이 보여주는 관용 혹은 허용성이라 해도 좋을 것이다. 평형은 모든 부분에서 항상 분해와 합성을 반복하면서 상황에 순응하는 유연성을 발휘한다.

그런데 동적인 평형계에서 이 허용성이 역으로 작용할 때가 있다. 평형계는 조각이 우발적으로 결여되었을 때는 유연하게 대처한다. 그러나 인공적인 위조품까지는 예정에 넣고 있지 않다. 조직화 도중에 여섯 개의 돌기 가운데 두 개를 잃은 어떤 조각이 나머지 네 개의 돌기를 이용하여 주변 조각과 결합한다면 어떻게 될까? 아마 그 장소는 평형 상태라고 판단되어 조직화는 다음 단계로 넘어갈 것이다. 그런데 조각의 두 돌기 분량의 공백은 그대로 비어 있는 상태다. 생명은 이런 부분적인 조작을 잘 알아채지 못한다.

분화가 진행되는 동안 조각들 사이에 생긴 작은 공백은 어떻게 될까? 공백 주변에 있는 조각이 조금씩 일그러지면서 완전하지는 않지만 공백이 만들어낸 틈새를 최소화할지도 모른다.

그러나 때는 이미 늦었다. 주변 조각은 이미 그 자체가 다른 조각들과 상호작용하면서 제 이웃을 찾았다. 그러므로 어떤 공백을 최소화하기 위해 조각이 불규칙적으로 일그러지면 그 움직임은 다른 부위에 새로운 틈을 만들고 말 것이다. 그 폐해는 시간이 경과할수록 전체적으로 더욱 확산될 것이다. 지그소 퍼즐은 이미 방대한 분자 네트워크를 만든 것이다. 작은 공백에서 시작된 폐해는 네트워크 전체로 확산되고 결국은 평형에 회복 불가능한 치명상을 안길 것이다.

## 우위적 부작용 현상

단백질 분자의 부분적인 결여나 국소적인 변형이 분자가 전체적으로 결여된 것보다 더 우위적 부작용(dominant negative)을 남긴다. 부분적으로 변형된 퍼즐 조각은 조각이 완전히 존재하지 않을 때보다 생명에 더 큰 영향을 미친다.

우위적 부작용은 이제 분자생물학 현장에서도 널리 알려진 생명이라는 시스템 고유의 현상이다. 마우스에 치명적인 운동실조증을 초래한 머리 쪽 3분의 1을 잃은 불완전한 프리온 단백질. 이것이 유발한 것은 아마 다음과 같은 우위적 부작용 현상일 것이다.

정상적인 프리온 단백질은 머리의 3분의 1을 사용해서 단백질 X와 상호작용을 한다. 그리고 나머지 몸체 3분의 2를 사용해서 다른 단백질 Y와 상호작용을 한다. 즉 프리온 단백질의 기능은 신경세포막 위에서 단백질 X와 단백질 Y를 잇는 것이다. 이때 신경 활동에 동반되는 정보 전달이 X→프리온 단백질→Y로 흘러간다.

정보 전달 경로가 형성되는 발생상의 한 시기에 만약 프리온 단백질이 전혀 존재하지 않는다면 X와 Y의 연쇄가 성립되지 않을 것이다. 단백질 Y의 파트너가 없는 분자적인 고립 상태는 동적평형계에 SOS 신호로 인식되어 보완 시스템을 작동시킨다. 이때 평형계는 이에 대한 반응책으로 X와 Y 사이를 어지럽게 연결시키는 어떤 우회로, 이를테면 X→A→B→C→Y와 같은 대체 조직을 만드는 것이다. 프리온 단백질 녹아웃 마우스는 이런 보완 시스템 덕에 건강하게 태어날 수 있었다.

그런데 머리의 3분의 1을 잃은 프리온 단백질은 단백질 X와는 결합할 수 없음에도 불구하고 무슨 조화인지 단백질 Y와는 완벽하게 결합할 수 있는 것이다. 그래서 Y는 의사(擬似)적 파트너 분자가 존재하는 상황이 된다. 그때는 보완 시스템을 작동시키는 SOS가 발신되지 않는다. 그리고 정보 전달 경로는 아무것도 모른 채 더욱 복잡한 네트워크를 만들어간다.

드디어 마우스가 태어나고 미지의 환경과 만난다. 뇌 신경 활동은 점점 활발해지고 새로운 시냅스가 형성되어 간다. 아마 단백질 X에서 단백질 Y로의 정보 전달은 이런 뇌의 발달에 필요한 기능일 것이다. 여기서 유발되는 문제는 태어나자마자가 아니라 서서히 나타나게 된다. X와 Y의 가교 역할을 해야 할 프리온 단백질이 X의 정보를 전달하지 않은 채 Y와 결합해버린다. 그러면 마치 구부러진 동전을 먹은 현금 식별 장치처럼 동작 그만 상태가 될 것이다. 그리고 그 상태는 자동판매기의 모든 기능을 치명적으로 정지시킬 것이다.

# 다시 펼 수 없는 종이접기

느티나무의 나목은 아름답다. 오랜 시간을 간사이 지방에서 보낸 나는 도쿄로 돌아와 공원과 주택가에 서 있는 느티나무를 볼 때마다 그 모습이 개성 있는 도쿄의 겨울을 상징함을 느꼈다. 곧게 뻗은 줄기는 역술가가 능숙하게 대오리를 펼쳤을 때와 같고, 그 가지는 직선으로 갈라지면서 가늘어진다. 그리고 멀리서 보면 가지 끝과 이어진 나뭇잎은 부드러운 캐노피처럼 보인다.

한 느티나무에 붙어 있어도 가지는 저마다 다른 모습을 하고 있다. 가지는 단 한 번의 선택에 의해 바로 그 지점에 둥지를 틀고, 한번 가지가 뻗으면 모습을 바꾸는 일도, 왔던 곳으로 되돌아가는 일도 없다. 느티나무의 내부에서 일어나는 세포분열과 네트워크의 확산, 그 동적인 평형의 행위는 시간에 따라 유유히 흘러가고 또한 일회적이다.

그러나 어떤 느티나무를 보더라도 모두 느티나무의 모습을 하고 있으므로 우리는 한 그루의 느티나무가 갖는 일회성에 대해 일종의 재현성이 있다고 오해하기 쉽다. 하지만 거기에는 개별적인 시간이 잠재되어 있다.

인공지능형 빌딩에 설치된 정밀하게 제어된 엘리베이

터처럼 최소한의 진동과 아주 미약한 가속도 정도밖에 감지할 수 없는 탈것의 경우, 우리는 그 엘리베이터가 올라가고 있는지 아니면 내려가고 있는지 모르고, 움직이고 있다는 것 자체를 느끼지 못할 때도 있다. 시간이라는 탈것은 모든 것을 조용히 그대로 운반하기 때문에 그 안에 타고 있다는 사실, 그리고 그 움직임이 불가역적이라는 사실을 느끼지 못하게 한다.

앞에서 이야기해온 것들, 즉 유전자를 녹아웃시킨 것이나 녹아웃으로 인해 유발되는 모든 현상들 역시 시간적 함수에 의해 발생한다.

녹아웃된 조각은 완성된 전체로부터 제거된 것이 아니다. 시간에 따라 가지가 나고 또 성장해가는 그 순간에 우연에 의해 만들어지지 못한 것이다. 녹아웃된 불완전한 조각은 전체가 완성된 다음에 부분을 잃은 것이 아니다. 시간 축상의 한 지점에서 출현하고, 그 후의 상호작용 속으로 편입되어간 것이다.

유전자의 산물인 단백질이 만들어내는 네트워크는 형태의 상보성에 의한 것이므로 가지가 갈라져 나오는 은행나무보다는 모서리와 모서리를 맞춰 접는 종이접기에 비유하는 편이 더 적절할지도 모르겠다.

시간 축의 한 점에서 만들어져야 할 조각이 만들어지

지 못하고, 그 결과 형태의 상보성이 성립되지 않으면 색종이는 그곳에서 접히기를 원치 않고 살짝 비껴간 지점에 자리를 잡고 다음 형태로 만들어지려 한다. 그래서 만들어진 것은 예상했던 것과는 다르지만 전체적으로는 균형이 잡힌 평형 상태가 된다.

만약 어떤 지점에서 형태의 상보성이 성립되지 않는다는 것을 눈치채지 못하고 접혀버린 색종이가 있다면 잘못 접혀 비뚤어진 선은 결국 전체의 형태까지 불안정하게 만들 것이다.

기계에는 시간이 없다. 원리적으로는 어느 부분부터든 만들 수 있고, 완성된 다음에라도 부품을 제거하거나 교환할 수 있다. 기계에는 재시도가 불가능한 일회성이란 것이 존재하지 않는다. 기계 내부에는 이미 접혀 다시는 펼 수 없는 시간이라는 것이 존재하지 않는다.

생물에는 시간이 있다. 그 내부에는 항상 불가역적인 시간의 흐름이 있고, 그 흐름에 따라 접히고, 한번 접히면 다시는 펼칠 수 없는 존재가 생물이다. 생명이란 무엇이냐고 묻는다면 이렇게 답할 수 있을 것이다.

지금 내 눈앞에 있는 GP2 녹아웃 마우스는 우리 안에서 평범한 모습으로 열심히 먹이를 먹고 있다. 그러나 그 정상적인 모습은 유전자의 결여가 아무런 영향도 미치지 않았다는 뜻은 아니다. 즉 GP2가 아무짝에도 쓸모없는 존재는 아니라는 것이다. 분명 GP2에는 세포막과 관련된 중요한 역할이 부여되어 있을 것이다. 지금 눈앞에 보이는 것은 생명이라는 동적평형이 어느 순간에 GP2의 결여를 교묘하게 보완한 결과다. 눈앞에 보이는 '정상'이란 결여에 대한 다양한 연쇄적 응답과 적응, 즉 반응의 귀추에 의해 만들어진 또 다른 평형의 모습인 것이다.

우리는 한 개의 유전자를 잃은 마우스에게 아무 일도 일어나지 않았다는 사실에 낙담할 것이 아니라 아무 일도 일어나지 않았다는 사실에 놀라워해야 한다. 동적평형이 갖는 유연한 적응력과 자연스러운 복원력에 감탄해야 한다.

결국 우리가 밝혀낼 수 있었던 것은 생명을 기계적으로 조작할 수는 없다는 사실이었다.

## 에필로그

초등학교 저학년 때 우리 집은 도쿄에서 지바 현의 마쓰도라는 곳으로 이사를 갔다. 도쿄의 동쪽을 흐르는 에도 강 건너편이었다. 공무원이었던 아버지가 신축 사택 추첨에 당첨된 것이다. 1960년대 후반이었다. 당시 마쓰도 시는 도쿄권이라고 하기에는 시골 분위기가 났지만 동시에 시골이라고 하기에는 애매한, 막 개발 중인 베드타운이었다.

왜 이런 옛날 얘기를 하느냐 하면, 최근에 그때를 떠올리게 하는 일이 있었기 때문이다. NHK의 요청으로 내가 졸업한 초등학교를 방문해 일일 수업을 하는 장면을 녹화했다. 35년 만에 마쓰도의 모교를 찾게 된 나는 이제는 기억 저편으로 사라져가던 추억들을 다시 한번 더듬어보게 되었다.

마쓰도 역사와 승강장이 새롭게 생겼고 주변 구획은 깔끔하게 정비되어 있었다. 내가 기억하고 있던 고만고만한 가게들이 즐비한 마을은 사라지고 스카이라인이 높아졌다. 주변에는 고층 빌딩들이 들어서고 전문대가 4년제 대학으로 승격되면서 학교 부지도 넓어졌다. 그렇지만 역에서 꽤 가까운 곳에 위치한 공무원 사택과 그 일대의 공원은 그대로였다. 나는 내가 살던 건물 앞에서 주변을 둘러보았다. 지금도 누군가가 이곳에 살고 있다는 사실이 신기하게 느껴졌다. 주차장, 자전거 창고, 펌프실, 작은 광장. 낡기는 했지만 모든 것이 당시와 같은 모습으로 그곳에 있었다.

특히 나를 과거로 강하게 끌어들인 것은 수목들의 위치였다. 집 앞의 벚나무, 초등학교로 향하는 통학길 양옆으로 늘어서 있던 녹나무, 공원 양쪽 입구에 자리 잡은 한 쌍의 은행나무. 몸통 줄기는 훨씬 굵어져 있었지만 어릴 적 기억 속의 모습 그대로였다. 수십 년 동안 나무들은 줄곧 그곳에 있었던 것이다.

이사하던 날의 일이다. 새 집은 옮겨놓은 짐들 때문에

발 디딜 틈도 없어서, 아버지와 나는 가까운 가게에서 빵을 사 와 밖에서 먹기로 했다. 주택에서 약간 떨어진 곳에 인기척 없는 널찍한 장소가 있었다. 그곳은 폐허였다. 부서진 건물 잔해가 널려 있었다. 절단된 면에는 녹슨 철근이 삐죽이 튀어나와 있었고 자갈 섞인 콘크리트는 푸석푸석해 보였다. 그 묘한 광경은 그렇게 구석구석 훤하게 자신의 모습을 드러내 보이고 있었다.

우리는 볕이 잘 드는 널찍한 콘크리트를 발견하고는 그 위로 올라가 점심을 먹었다. 상쾌한 봄바람이 스치고 지나갔다.

나중에 알게 된 일이지만, 그 전망 좋은 부지는 1945년 패전할 때까지 육군공병학교였다고 한다. 아마 전후 오랜 기간 방치되었을 그 땅은 서서히 재개발이 진행되어 공무원 사택, 법원, 학교, 공원 등으로 변해갔다. 우리가 이사 온 것은 그런 변모가 거의 끝나갈 무렵이었다.

즉 그곳은 지리적으로 도쿄와 교외가 만나는 경계 면이며 시간적으로는 전쟁 후와 전쟁 전이 접해 있는 경계 면이기도 했다. 경계 면, 즉 계면(界面)이란 두 개의 다른 것이 만나 상호작용을 일으키는 장소다.

이사가 정해졌을 때 나는 그곳으로 이사 가는 게 내키지 않았다. 도쿄 네리마 구에 살고 있던 나는 거기가 좋왔다. 지금 생각해보면 당시의 네리마 구는 넓은 밭이 있고 드문드문 닭을 키우는 농가가 있는 평화로운 시골이었는데, 그런 의미에서는 마쓰도와 별반 다를 것이 없었다. 하지만 나는 도부도조센(東武東上線)이 지나가는 그 마을에 상당한 애착을 갖고 있었다.

하지만 계면의 힘 앞에서 그런 작은 감상은 순식간에 사라져버렸다. 다음 날부터 그곳은 우리 소년들의 원더랜드가 되었다.

우리는 멈춘 시간의 편린들을 여기저기서 발견했다. 무성한 풀숲 그늘에서 입을 벌리고 있는 방공호. 무서워 벌벌 떨면서도 계단을 내려가 안을 들여다보려 했지만 물이 가득 찬 지하의 복도는 칠흑처럼 어두워서 끝이 보이지 않았다.

부지와 역을 잇는 좁다란 계단 가운데 있는 낭떠러지에는 두툼한 콘크리트로 만들어진 창고가 있었는데, 대갈못을 친 견고한 철문이 세 개나 있었다. 손으로 잡아당기니 의외로 스르륵 열리면서 벽에 걸린 선반들이 보였다. 선반 위에는 두 팔을 벌려 안아야 할 정도로 큰 푸른색 유리병들이 놓여있었다. 몸통에는 클로로포름이라고 씌어 있었다. 하지만 병은 모두 뚜껑이 열린 상태였고 속은 텅 비어 있었다. 클로로포름이 마취약임을

알아낸 나는 그것이 대체 무슨 용도로 쓰였을까 궁금해
졌다.

초등학교 근처에 쓰러져가는 목조 건물이 있었다. 우
리는 곧 그 건물을 둘러싼 철조망에서 사람이 지나다닌
흔적을 발견하고는 그 밑으로 기어들어가 건물로 잠입
했다. 깨진 창문 틈으로 들여다보니 검게 그을린 복도에
먼지가 쌓여 있었다. 아마 이 건물은 공병학교 교사 중
하나였으리라. 건물 앞에는 키 큰 풀들로 둘러싸인 네모
난 수면이 펼쳐져 있었다. 저수지나 수영장 같기는 했지
만 출렁이는 짙푸른 초록색 물의 깊이를 가늠할 수 없었
다. 한번은 대나무 장대로 수심을 재보려고도 했지만 긴
장대로도 밑바닥에 닿지 못했다.

우리는 그 비밀 장소를 빈번히 드나들었다. 왕잠자리
가 수면 위를 아슬아슬하게 비행하고, 물고기가 있는 건
지, 간간이 사람들이 낚싯대를 드리웠다. 봄에는 셀 수도
없이 많은 개구리 알이 수면을 가득 메웠다. 이상하게도
물은 탁해지지도, 마르지도 않았고 항상 수면에는 잔물
결이 일었다.

우리는 물의 행방을 좇아 저수지 반대편을 탐사했다.
저수지의 물은 凹 모양으로 파인 수로를 통해 흘러나와
우물로 떨어졌다. 우물에는 돌로 만들어진 네모난 뚜껑

이 덮여 있었다. 뚜껑의 틈새로 안을 들여다보던 누군가가 소리를 지르고 우리는 일제히 그곳으로 달려갔다. 바닥까지 햇빛이 내리비쳐 밝게 빛났다. 거기에는 셀 수 없을 정도로 많은 두꺼비들이 와글와글했다. 작은 놈부터 큰 놈까지. 매년 저수지에서 부화한 개구리 알들은 이렇게 세대를 넘어 여기로 모여들고 있었던 것이다.

이런 식으로 매 계절 매일같이 놀라운 발견이 끊이지 않았다.


청띠제비나비는 작은 호랑나비인데, 검은 벨벳 바탕에 네모난 반점이 세로 방향으로 나 있다. 이는 작은 유리 블록을 정성스럽게 나열해놓은 듯하다. 이 반점은 투명할 정도로 선명한 민트블루다.

청띠제비나비는 민트블루와는 어울리지 않게 녹나무를 좋아한다. 청띠제비나비는 녹나무에 알을 낳는다. 알에서 깨어난 유충은 통통하게 윤기가 흐르고, 높은 곳에 달린 잎을 먹으며 자란다. 유충의 모습 또한 여간 고고한 게 아니다. 일반적인 초록색 애벌레나 송충이와는 차원이 달라, 녹나무와 같은 옅은 초록색에 거만해 보이는 곡선이 한 줄 흐른다. 몇 주 동안 실컷 녹나무를 갉아먹은 유충은 번데기가 된다. 번데기 역시 선명한 초록색의 우아한 모습이다. 마치 이탈리아의 인테리어 디자이너가 만든 모던한 조형물 같다.

번데기는 가늘지만 튼튼하고 투명한 실로 연결되어 녹나무 잎 뒷면에 붙어 있다. 그 색은 녹나무 이파리 색과 비슷해서 유심히 찾지 않으면 발견하기도 어렵다.

학교에 가는 길, 당시에는 전문대였던 부지의 바깥쪽으로 녹나무가 심어져 있었고 청띠제비나비가 나무들 사이사이로 춤을 추며 날아다녔다. 학교를 쉬는 날에 나는 녹나무 주위를 한 그루 한 그루씩 돌면서 청띠제비나비의 번데기를 찾았다. 이상하게도 번데기는 의외로 낮은 장소에, 조용히 숨을 죽이고 달라붙어 있었다. 그런 번데기를 발견할 때마다 나는 가슴이 고동쳤다.

어느새 나는 청띠제비나비의 번데기를 능숙하게 찾아낼 수 있게 되었다. 번데기가 붙어 있는 나뭇가지를 꺾어 집으로 가져와 꽃병에 꽂아두고 매일같이 관찰했다. 단단한 초록색 보석 같은 번데기는 날이 가면서 서서히 변한다. 껍질이 점점 얇아지면서 내부가 살짝 들여다보일 정도가 된다. 내부의 복잡한 문양이 드러나기 시작한다. 유충의 변신. 이것만큼 극적인 메타모르포제는 없을 것이다. 그 모든 것이 이 작은 번데기 안에서 진행되고 있는 것이다.

2주 정도 지나면 그날이 온다. 날개돋이. 번데기의 등이 갈라지면서 나비가 모습을 드러낸다. 이때 나비는 아직 젖은 실뭉치처럼 구깃구깃하고 다리와 더듬이를 움직이면서 자기가 막 빠져나온 번데기 껍질에 필사적으로 붙어 있다. 드디어 날개의 가는 시맥(翅脈)마다 생명이 충만해지면 날개 한가운데 푸른 반점이 일직선상으로 나타난다.

청띠제비나비가 완성되는 순간이다. 나비는 두세 번 정도 망설이듯 날개를 폈다 접었다 하다가 어느 순간 공중으로 도약한다. 불안불안하게 나비는 점점 고도를 높여간다. 그리고 결국 시야에서 사라진다.


청띠제비나비의 산란과 날개돋이는 봄부터 가을까지 그 주기가 여러 번 반복된다. 나는 질리지도 않고 번데기를 모아두고 날개돋이 순간을 기다렸다. 제일 늦은 가을에 태어난 유충만이 그해에 나비가 되지 못한다. 녹나무를 충분히 섭취한 다음 새로운 생명 탄생을 이듬해 봄으로 미룬 채 번데기의 모습 그대로 겨울을 나는 것이다.

봄의 첫 청띠제비나비의 모습을 보고 싶었던 나는 가을이 끝나갈 무렵에 녹나무를 돌며 번데기를 채집해서는 그것을 채집망에 넣고 창고 안쪽 안전한 곳에 잘 놓아두었다. 드디어 겨울이 되었다. 내 일상에 특별한 변화는 없었다. 친구들과 뛰어놀고, 책을 읽고, 학교에 다녔다. 그리고 어찌된 일인지 나는 번데기에 대해 까맣게 잊고 말았다.

봄이 되어 한 학년 올라가고 반이 바뀌고 새로운 친구들이 생겼다. 날씨가 따뜻해지면서 여름이 가까워졌음을 알렸다. 대학 캠퍼스의 녹나무는 녹음이 짙어졌고 청띠제비나비가 군무하는 계절이 왔다. 나는 가슴이 덜컹 내려앉았다. 그제야 비로소 생각이 났던 것이다. 그 많은 번데기를 채집해서 보관해두었던 것을.

나는 순간, 그게 언제 적 일인지 정확히 기억할 수가 없었다. 하지만 그건 분명 작년 가을이었다. 비취같이 생긴 그 번데기들을 하나하나 정성스럽게 바구니에 넣었던 것을 나는 생생하게 기억해냈다. 손을 꼽아 세어봤다. 7개월은 족히 지났다. 그 정도의 시간이 흘렀는데 번데기가 아직까지 번데기일 리가 없었다.

나는 두려웠다. 그러나 보지 않을 수도 없었다. 어두운 창고로 들어가 채집망을 놓아둔 곳 앞에 섰다. 나는 살짝 채집망을 들어 눈앞으로 가져왔다. 아무런 기척도 없었고 아무런 소리도 들리지 않았다. 나는 채집망을 밝은 곳으로 가지고 나왔다.

열 개 정도 됐던 번데기는 모두 날개가 돋아 있었다.

날개가 나온 청띠제비나비는 어떤 녀석은 가는 다리로 채집망 천장에 붙어 있었고 또 어떤 녀석은 바닥에 예쁘게 날개를 펼치고 내려앉아 있었는데 날개는 거의 아무런 손상도 없이 완전히 말라 있었다. 그리고 나비들은 마치 살아 있는 것처럼 선명한 푸른색을 완벽히 간직하고 있었다.

　도시화의 계면은 그 전선을 가차없이 확대해나갔다. 그에 따라 시간의 계면도 슬그머니 용해되어 경계가 뭉그러지고 있었다. 폐허가 된 공병학교 자리는 얼마 지나지 않아 예쁜 공원 화단으로 변모했고, 방공호 자리도 어디였는지 알 수 없게 되었다. 공원 입구에 남아 있는 벽돌로 된 문설주와 초소만이 유일하게 공병학교의 추억을 간직하고 있었다.

　문 양쪽에는 커다란 은행나무 자웅 한 쌍이 서 있었다. 육군 공병학교가 세워졌을 때 심어진 것 같았다. 가을이 되면 선명한 노란색으로 변하는 한 쌍의 은행나무는, 자세히 보면 가지가 난 모양이 분명히 달랐다. 잎이 떨어져 벌거숭이가 되는 속도도 달랐다. 그리고 은행 열매가 한쪽 나무에만 열렸다. 그게 의미하는 것 역시 우리가 발견한 작은 깨달음 중 하나였다.

에필로그

개구리가 살던 저수지도 어느 날 갑자기 매립되었다. 우리는 초등학교 계단 위에 앉아 불도저와 트럭이 잇달아 들이닥치는 광경을 멍하니 바라보았다. 밋밋한 공터가 되어버린 그곳에는 순식간에 대장성(大藏省) 관세 연구소가 들어섰다. 우리는 등하굣길에 그 새로운 간판을 들여다보며 안에서 어떤 '연구'가 이루어지고 있는지 궁금해했다. 그리고 그 자리에 있었던 정체불명의 저수지에 대해 생각했다.

이번에 다시 그곳을 찾았을 때는 연구소가 자취를 감추고 다시 공터가 되어 있었다. 그리고 '대학 시설 건설 예정'이라는 안내판이 걸려 있었다. 아주 예전에 이곳은 반짝반짝 빛나는 초록색 수면이었는데. 거기에는 수를 셀 수 없을 정도로 많은 작은 생명들이 조용히 먹이사슬의 영역 안에 살고 있었다. 지금 그 사실을 알고 있는 것은 나 정도뿐이다.

어느 날, 집에서 조금 떨어진 곳의 정원수에서 타원형의 작고 하얀 알을 발견했다. 도마뱀 알이었다. 그 장소에는 언제나 도마뱀들이 출몰한다는 것을 알고 있었기에 그 알의 정체를 아는 데 오랜 시간이 걸리지 않았다.

어린 나는 조심스럽게 집으로 알을 가져와 흙을 깐 상

자에 넣어두고 매일같이 관찰했다. 너무 마르지 않도록 가끔 분무기로 물을 뿌려주었다. 그런데 며칠을 기다려도 아무 일도 일어나지 않았다. 당시의 나는 도마뱀 알이 부화하는 데는 계절에 따라 2개월 이상을 요하기도 한다는 사실까지는 몰랐던 것이다.

소년의 마음은 조급해졌다. 더 이상 참을 수 없었던 나는 알에 미세한 구멍을 내서 안을 들여다보자고 결심했다. 만약 '살아' 있다면 살짝 뚜껑을 덮으면 될 것이다. 나는 준비한 바늘과 핀셋을 사용해 조심스럽게 네모난 모양으로 구멍을 만들었다. 그런데…… 안에는 배에 노른자를 품은 작은 도마뱀 새끼가 어울리지 않게 큰 머리를 동그랗게 웅크리고는 조용히 잠들어 있었다.

순간, 나는 봐서는 안 될 것을 본 듯한 기분이 들어 바로 뚜껑을 닫으려고 했다. 나는 곧 내가 저지른 짓이 돌이킬 수 없는 일임을 깨달았다. 접착제를 이용해 구멍을 봉할 수는 있어도 그곳에서 숨쉬고 있던 것을 원래의 상태로 돌려놓을 수는 없음을 깨달은 것이다. 한번 외부의 공기에 닿아버린 도마뱀 새끼는 서서히 썩어들었고 형태가 녹아내렸다.

이 경험은 오랫동안 괴로운 기억이 되어 내 안에 앙금으로 남았다. 분명 이 경험은 경이로움 그 자체였다. 그래서 이렇게 생물학자가 된 지금도 어딘가에 숨어 내 의식에 영향을 미치고 있는지도 모른다.

생명이라는 이름의 동적인 평형은 스스로 매 순간 위태로울 정도로 균형을 맞추면서 시간 축을 일방통행하고 있다. 이것이 동적인 평형의 위업이다. 이는 절대로 역주행이 불가능하며, 동시에 어느 순간이든 이미 완성된 시스템이다.

이런 시스템에 혼란을 야기하는 인위적인 개입은 동적평형에 돌이킬 수 없는 피해를 입힌다. 만약 표면상으로는 동적평형이 크게 변하지 않는 것처럼 보여도, 이는 유연하고 부드러운 동적 시스템이 일시적으로 조작을 흡수했기 때문이다. 그 안에서는 무언가가 변형되고 무언가가 손상을 입었다. 생명과 환경의 상호작용은 이미 접힌 색종이라는 의미에서, 이 개입이 일회성의 운동을 다른 길로 인도했다는 사실에는 변함이 없다.

자연의 흐름 앞에 무릎 꿇는 것 외에, 그리고 생명을 있는 그대로 기술하는 것 외에 우리가 할 수 있는 일은 없다. 이는 사실 한 소년의 일상을 통해 이미 오래전부터 밝혀진 사실이다.

# 역자 후기

롤러코스터. 이 《생물과 무생물 사이》를 한마디로 정의하라면 나는 롤러코스터라고 부르고 싶다. 처음 이 책을 의뢰받았을 때는 초반부에 등장하는 색다른 '뉴욕 이야기'에 끌렸다. 예전에 서클라인을 타봤을 때 나도 이런 풍경을 지나쳤던가 기억을 더듬어보기도 하고, 그때 그곳이 록펠러대학이었나 싶기도 했다. '뉴욕의 진동' 편에서는 다시 뉴욕을 방문해보고 싶은 마음이 절정에 이르렀다.

그다음엔 작가의 문장력에 끌렸다. 분명 과학 서적 같은데 호흡이 길면서도 이 포근하고 사려 깊은 문장은 문학이라 해도 손색이 없을 정도로 기품이 있다. 깊이 있고 상세한 묘사와 사물을 보는 통찰력은 어쩌면 과학자이기에 가능했을지도 모르겠다.

그런데 허공에 부유하는 단어들이 아닌, 살아 있고 믿을 만한 검증된 단어들로 채워진 한 장 한 장은 번역하는 사람의 어깨를 무겁게 하기 시작했다. 처음에는 같은 일본인으로서 일본의 국민적 영웅인 노구치 히데요에 대한 평전을 쓴 것인가 싶었다. 그런데 바이러스를 생명으로 볼 것이냐 아니냐를 비롯해 과연 '생명이란 무엇인가'라는 화두를 꺼내면서 드디어 롤러코스터는 작동하기 시작했다.

우리나라 역시 불과 1~2년 전에 생명과학 분야에서 세계적인 폭풍의 진원지가 된 적이 있기에 아마 많은 사람들이 DNA나 복제, 이중나선 등의 단어가 낯설지는 않을 것이다. 그럼에도 불구하고 지난 50여 년 동안에 일어났던 생물학적 발견과 사건, 그 주인공들에 관한 이야기는 녹슨 롤러코스터 바퀴가 칙칙하고 기괴한 냄새가 나는 컴컴한 동굴 속을 힘겹게 달리는 것 같기도 하고, 저 아래에 사람들이 개미처럼 작게 한눈에 내려다보이는 곳에서 급강하하는 아찔한 순간 같기도 하며, 온몸의 피가 뜨겁게 머리로 쏠리면서 허공에 거꾸로 매달린 상태 같기도 했다.

그렇게 DNA를 중심으로 한 지난 50여 년 동안의 생물학 이야기가 마치 스릴러물처럼 지나갔다. 그다음은 약간 숨을 고르며 생명이 붙어 있는 것들이 마치 바닷가의 모래성처럼 매 순간 다른 존재임을 설명하면서 '동적평형' 이야기를 들려준다. 살아있는 것들—세포—의 역동성 안에 존재하는 동적평형. 사람들은 그에 대한 호기심을 참지 못하고 녹아웃 마우스를 만들어 자신들의 지적 욕구를 충족하려 했다. 그 발견이 전부인 줄 알았고, 모든 비밀을 밝혀줄 거라 생각했다.

그런데 작가는 결국 우리는 자연의 흐름 앞에 무릎 꿇는 것 외에, 그리고 생명을 있는 그대로 기술하는 것 외에 아무것도 할 수 있는 일이 없었다고 고백한다.


유년 시절, 작가가 날개돋이를 관찰하기 위해 청띠제비나비의 번데기를 창고에 넣어두고 잊었다가 계절이 바뀐 뒤 떨리는 가슴으로 다시 그 창고 문을 열던 순간은 나로 하여금 태양이 작열하던 30년 전 어느 여름날을 기억나게 했다. 산기슭 계곡에서 신나게 잡은 가재와 작은 민물고기들을 양동이에 담아 집으로 가져와서는 마당에 있던 자주색 고무 함지박에 쏟아 부었던 순간이다.

나는 몹시 들떠 있었다. 오후를 그 포획물들과 놀 생각에 기쁜 마음으로 쏟아 부었건만 반나절 내내 잡은 그것들은 함지박에 몸이 닿는 순간 허연 배를 드러내며 경직되어버렸다. 톡 건드리면 뒷걸음질치며 돌 밑으로 숨는 게 재미있어 내가 특히 좋아했던 가재 역시 마치 플라스틱 장난감처럼 굳어버렸던 것이다.

순간 아찔했다. 당시 유치원도 다니기 전이었던 나는 고무가 흐물흐물해질 정도로 하루종일 뜨거운 햇볕 아래 있던 함지박에 그 작은 생물들을 넣었을 때 어떤 일이 일어날 것인지 예측하지 못했던 것이다. 그 일은 지금도 작은 트라우마가 되어 집에서 키우던 열대어가 죽거나 했을 때 가슴 한구석을 꿈틀하게 한다.

점점 '생명이란 무엇인가'를 생각할 기회가 사라지고 있는 것 같다.

과학 문명의 이기를 향유하기 원하면서도 생명에 대한 비뚤어진 시각, 생명에 대한 애정 결핍, 생명에 대한 섣부른 개입에 대해 거부감을 갖는 것은 비단 본인뿐만은 아닐 것이다.

결국 우리는 자연의 흐름 앞에 무릎 꿇는 것 외에, 그리고 생명을 있는 그대로 기술하는 것 외에 아무것도 할 수 있는 일이 없다는 작가의 말을 다시 한번 인용하며,

모든 생명이 끝까지 아름답기를 바라는 마음으로 이 책을 한국에 소개하려 한다.

김소연

옮긴이 김소연

일본어 전문 번역가이다. 한국외국어대학교 통역번역대학원과
동덕여자대학교에서 공부했다. 옮긴 책으로《생명해류》《동적
평형》《나누고 쪼개도 알 수 없는 세상》《고생물도감: 고생대
편》《종의 기원 바이러스》《왜, 우리가 우주에 존재하는가》등
이 있다.

## 생물과 무생물 사이

1판 1쇄 발행  2008년 6월 13일
1판 31쇄 발행  2024년 8월 9일
개정판 1쇄 발행  2025년 4월 14일

지은이·후쿠오카 신이치
옮긴이·김소연
펴낸이·주연선

**(주)은행나무**
04035 서울특별시 마포구 양화로11길 54
전화·02)3143-0651~3  |  팩스·02)3143-0654
신고번호·제 1997—000168호(1997. 12. 12)
www.ehbook.co.kr
ehbook@ehbook.co.kr

ISBN 979-11-6737-543-8 (03470)